대한민국 정보통신 이야기

전신에서 5G까지 140년의 길

이인학

희망사업단

대한민국 정보통신 이야기
전신에서 5G까지 140년의 길

저자 | 이인학
편집 | 굿스펠디자인
발행인 | 유명종
발행처 | (주)희망사업단
사업자번호 | 119-86-45931
주소 | 경기도 안산시 상록구 안산테콤길 32
TEL | 010-9204-7058

정가 20,000원

• 낙장은 교환해 드립니다.
• 본 도서의 무단복제 및 전재를 법으로 금합니다.
• ISBN 978-89-98717-81-0 (03500)

대한민국 정보통신 이야기

전신에서 5G까지 140년의 길

이인학

희망사업단

대한민국 역사 속 정보통신 140년의 기록을 응원하며

　대한민국의 눈부신 산업화와 정보화의 여정 속에서, 정보통신은 국민의 삶을 바꾸고 국가의 성장을 이끌어온 핵심 동력이었습니다. 그러나 그 찬란한 흐름을 처음부터 끝까지 체계적으로 기록한 역사서는 아직 없었습니다.

　이번에 발간된 『대한민국 정보통신 이야기』는, 우리나라 정보통신 140년의 발자취를 한눈에 조망할 수 있도록 정리한 국내 최초의 정보통신 역사서입니다. 단순한 기술 연대기가 아니라, 시대 속에서 기술이 어떤 역할을 했고, 그 이면에 어떤 사람들이 있었는지를 깊이 있게 다루고 있습니다.

　무엇보다 이 책은, 1960년대부터 현장에서 정보통신 발전을 이끌며 대한민국 산업의 기반을 닦아온 한 분의 직접적인 체험과 기록을 바탕으로 집필된 점에서 더욱 소중한 의미를 지닙니다. 특히, 장거리 자동전화 개통 등 국가적 사업을 성공적으로 수행하며 대통령 표창을 받은 공로자이자, 관련 사료 18점을 대한민국역사박물관에 기증하여 역사 보존에 기여해 오신 분의 저술이라는 점에서 더욱 빛납니다.

『대한민국 정보통신 이야기』는 단지 과거를 되짚는 책이 아니라, 미래 세대에게 대한민국이 어떻게 세계적인 정보통신 강국으로 성장했는지를 이해하고 자긍심을 가질 수 있게 해주는 귀한 안내서입니다.

이 책이 널리 읽히고, 더 많은 분들에게 우리나라 정보통신사의 뿌리와 여정을 알리는 계기가 되기를 진심으로 바랍니다.

2025년 8월
대한민국역사박물관장 한수

대한민국 정보통신 140년을 기념하며
― 정보통신강국 대한민국, 그 뿌리와 길을 남기고자 합니다

    2025년, 대한민국 정보통신은 140년의 역사를 맞이했습니다. 1885년 전신이 처음 개통된 이래, 우리는 전신과 전화, 무선통신과 위성통신, 인터넷과 초고속 네트워크, 그리고 모바일 혁명에 이르기까지 끊임없이 새로운 길을 개척해 왔습니다. 정보통신은 단순한 기술 발전을 넘어, 국민의 삶을 변화시키고, 산업과 사회 전반을 진화시킨 대한민국 성장의 원동력이었습니다.

    오늘날 우리는 스마트폰을 통해 전 세계와 실시간으로 소통하며, 5G와 광통신망을 기반으로 미래 사회를 설계하고 있습니다. 그러나 이러한 눈부신 성취 뒤에는 수많은 사람들의 헌신과 도전, 땀으로 얼룩진 기술과 제도의 발전, 그리고 현장의 치열한 노력이 자리하고 있습니다. 안타깝게도 그 지난한 과정은 충분히 기록되지 못했습니다.

    이 책은 대한민국 정보통신의 여정을 체계적으로 기록하고자 기획되었습니다. 『한국전기통신 100년사』를 비롯한 주요 사료, 현장 전문가들의 조언, 그리고 실무를 직접 경험한 이의 기억과 통찰을 바탕으로 집필하였습니다. 단순한 기술 연표를 넘어서, 각 시대의 흐름 속에서 기술과 제도, 정책과 현장의 노력이 어떻게 맞물려 발전했는지를 생생하게 담고자 하였습니다.

저는 정보통신 1세대로서, 체신부 시절 전화망 확충을 위한 계획 수립과 공사 현장을 책임졌으며, 이후 민영화 이후의 격변도 현장에서 체감하고 대응해 왔습니다. 이제 고령의 나이에 다시 펜을 든 것은, 이 지난한 여정을 미래 세대에 남겨야 한다는 책임감 때문입니다. 잊히기 전에 기록되어야 하며, 기록됨으로써 미래를 비추는 자산이 될 수 있다고 믿습니다.

이 책이 정보통신을 연구하는 학계와 산업계는 물론, 관련 전시관·박물관을 기획하고 운영하는 분들, 그리고 과거를 통해 미래를 배우고자 하는 모든 이들에게 작게나마 도움이 되기를 바랍니다. 정보통신은 대한민국의 오늘을 만든 주역이자, 내일을 이끌어갈 핵심입니다. 이 기록이 과거를 기억하고 미래를 준비하는 든든한 디딤돌이 되기를 진심으로 소망합니다.

『대한민국 정보통신 이야기』는 조선 말기 전신선 개설에서 시작된 대한민국 정보통신의 여정을 기록한 책입니다. 전신과 전화, 교환기와 선로, 전보와 무선, 인터넷과 스마트폰, 그리고 오늘의 초연결 사회에 이르기까지, 기술 그 자체보다는 '사람과 사람을 잇는 힘'으로서 통신의 본질에 중심을 두고 서술하였습니다.

이 책에는 단순한 연표나 통계가 아닌, 현장에서 체감한 변화의 순간들, 정책 방향을 두고 고민했던 결정의 무게, 그리고 무엇보다 그 길을 함께 걸어온 수많은 사람들의 흔적이 담겨 있습니다. 때로는 낡은 유물 하나가, 때로는 한 장의 사진이 잊힌 기억을 불러왔고, 그것이 저에게 기록할 이유가 되어주었습니다.

  이 기록이 단지 과거를 돌아보는 데 그치지 않고, 다음 세대가 우리 정보통신의 뿌리와 정신을 올바르게 이해하는 데 도움이 되기를 바랍니다. 그리고 언젠가 이 이야기들이 하나의 공간, '정보통신박물관'이라는 이름 아래 전시되고, 해설되며, 살아 있는 교육 자료로 활용되기를 꿈꿉니다.

2025년 여름
한국정보통신역사연구소장 **이인학**

목차.

대한민국 정보통신 이야기

추천사. 대한민국 역사 속 정보통신 140년의 기록을 응원하며 __6
프롤로그. 대한민국 정보통신 140년을 기념하며 __8

제1편. 정보통신의 흐름

제1장. 정보통신의 여명기 __16
제2장. 해방과 한국전쟁 __23
제3장. 체신부 시대 __27
제4장. 공사와 정보화의 기틀 __33
제5장. 경쟁시대의 정보통신 __39
제6장. 정보통신과 정보화사업의 연관성 __44

제2편. 유선통신 기술의 발전

제7장. 교환시설 __50
제8장. 선로의 진화 __58
제9장. 단말기의 변천 __65
제10장. 공중전화 __72
제11장. 국제전신전화 __78

제3편. 유선전화에서 무선통신으로

제12장. 아날로그 이동전화의 등장과 대중화 _88

제13장. 데이터통신과 인터넷 _92

제14장. 디지털 이동통신 _96

제15장. 3G와 스마트폰 _102

제16장. 4G LTE와 초연결 사회 _106

제17장. 5G에서 6G로 _110

제18장. 방송통신 융합 _114

제4편. 통신 서비스와 생활의 변화

제19장. 농어촌전화 _122

제20장. 장거리자동전화 _126

제21장. 사설통신 PBX _132

제22장. 114 안내 서비스와 전화번호부 _140

제23장. 백색전화 _146

제24장. 전보 이야기 _150

제25장. 하이텔 이야기 _155

제5편. 산업과 기술 그리고 성장

제26장. 대한민국 수출산업 발전의 첨병, 텔렉스(Telex) _162

제27장. 무선호출기의 시대 _167

제28장. 휴대전화의 대중화 _173

제29장. TDX 개발 이야기 _178

제30장. 광케이블 이야기 _184

제31장. 인터넷 상용화와 초고속정보통신망 구축 _189

제32장. 해외 진출과 글로벌 협력 _194

제33장. 사이버보안과 재난망 _199

제6편. 사람과 문화

제34장. 정보통신 역사 속의 여인들 _206

제35장. 정보통신을 지탱한 사람들 _211

제36장. 다시 찾은 현장 _215

제37장. 정보통신 유물 첫 공개 _219

제38장. 정보통신박물관으로 가는 길 _223

제7편. 미래로 가는 길

제39장. 인공지능과 정보통신의 미래 _230

제40장. 정보통신, 미래를 향한 연결 _234

에필로그. 대한민국 정보통신 이야기 집필을 마치며 _238

부록 1. 정보통신과 함께한 발자취 _240

부록 2. 대한민국 정보통신 140년 연표 _244

부록 3. 『대한민국 정보통신 이야기』 발간을 지원해 주신 분들 _248

> 정보통신은 단지 기술이 아니라,
> 시대를 앞당기고 사회를 변화시키는 동력이었다.
> 한 줄의 전신선에서 시작된 변화는,
> 오늘날 초연결 사회로 이어지는
> 장대한 여정의 서막이었다.

제1편
정보통신의 흐름

제1장.
정보통신의 여명기
– 한국 정보통신의 시작

근대 통신의 시작, 전신 – "말보다 빠른 소식"

1885년, 조선은 일본의 기술 지원을 받아 한성전보총국과 제물포 간에 우리나라 최초의 전신선을 개통하였다. 이는 봉수나 파발처럼 수일이 걸리던 기존 통신 수단과는 비교할 수 없는 신속성와 정확성을 자랑하는, 당시로서는 혁명적인 기술이었다.

전신은 전류의 흐름을 끊고 잇는 방식으로 문자를 부호화하여 전달하는 통신 기술로, 대표적으로 **모르스 부호(Morse Code)**가 사용되었다. 예를 들어 'A'는 '—', 'B'는 '—…'과 같이 단순한 전기 신호 조합만으로 다양한 문자를 표현할 수 있었다. 이는 사람의 육성을 사용하지 않고도 의사를 전달할 수 있게 해주었고, 통신 기술의 획기적인 전환점이 되었다.

전신의 도입은 단순한 기술 수입을 넘어 조선의 국가 소통 방식에

대한제국시대의 전화 교환방식

한성전화소 (1902년 개국)

근본적 변화를 가져왔다. 정부는 한성(현 서울)-제물포(현 인천) 전신선을 시작으로 주요 도시를 연결하는 전신망을 빠르게 확충하였고, 1888년까지 한성-의주, 한성-부산 등 전국 주요 거점을 연결하는 장거리 전신망을 완성하였다. 전신은 곧 외교, 군사, 내정 등 국가 핵심 기능을 지원하는 중추 인프라로 자리매김하였다.

특히 **청일전쟁(1894)**과 같은 국제적 긴장 국면에서는 정보의 신속한 전달이 전략적 우위로 이어졌다. 전신은 전쟁 지휘와 국가 대응에 결정적인 역할을 하며, 근대 통신이 단순한 편의 수단을 넘어 국방과

대한제국 해군군함 광제호 (무선전신의 시초)

안보의 핵심 기반이 될 수 있음을 입증하였다.

1907년에는 무선전신 기술이 시범적으로 도입되었다. 대한제국 해군은 월미도 등대사무소와 군함 광제호 간에 무선전신 시험 통신을 성공적으로 수행하며, 해상 통신망 확장의 가능성을 보여주었다. 이로써 통신의 영역은 육지를 넘어 바다로 확장되었고, 조선은 점차 세계 통신 기술 흐름에 발맞추기 시작하였다.

당시 조선은 외국 기술을 단순히 수입하는 데 그치지 않고, 전신국 운영을 위한 기술 인력을 양성하고 자체적으로 시스템을 정비·운영함으로써 향후 통신기술 자립과 발전의 토대를 마련해 나갔다.

음성 통신의 출현, 전화 – "소리를 나누는 시대"

전신 이후 조선은 1886년 자석식 전화기를 도입하면서 음성 통신 시대의 문을 열었다. 고종 황제의 명에 따라 궁내부(현 덕수궁)에 전화기가 설치되었고, 이는 황실과 고위 관료들 사이의 통화 수단으로 제한적으로 사용되었다.

전화는 사람의 목소리를 실시간으로 전달할 수 있다는 점에서, 단순한 정보 전달을 넘어 인간관계 형성과 의사소통 방식에 획기적인 변화를 가져왔다.

1902년에는 한성-제물포 간 시외전화선이 개통되었고, 1903년부터는 한성 시내에서 전화 교환 업무가 본격화되었다. 초기에는 자석식 수동교환기가 사용되었으며, 가입자 수가 늘어나면서 공전식 수동교환기로 점차 전환되어 통화의 안정성과 확장성이 향상되었다.

당시 전화는 궁중, 고위 관료, 외국 공사관 등 일부 계층에만 제한적으로 사용되었지만, 점차 행정기관과 상업 부문으로 확대되었고 민간으로도 서서히 보급되기 시작했다. 전화는 '즉시 응답'이라는 새로운 소통 문화를 만들어내며, 전신보다 더 직접적이고 인간적인 커뮤니케이션 도구로 자리 잡았다.

백범 김구 선생은 자서전 『백범일지』에서, 자신이 사형을 선고받고 형 집행을 기다리던 중 고종 황제가 전화로 사면 명을 내렸다는 일화를 소개한다. 이는 전화가 단순한 편의성을 넘어, 사람의 생명과 운명을 좌우할 수 있는 위력 있는 통신 수단이었음을 상징적으로 보여주는 사례다.

식민지기 통신
– "통제 속의 기술, 살아남은 인프라"

전신과 전화는 일제강점기를 거치며 조선총독부의 통제 아래 식민 통치 목적에 맞게 재편되었다. 일본은 통신망을 식민 지배의 핵심 수단으로 인식하고, 주요 통신 시설과 노선을 자국의 행정 및 군사 목적에 맞게 정비하고 운용하였다.

민간인의 자유로운 통신은 철저히 제한되었으며, 모든 통신은 검열을 거쳐야 했다. 그러나 이러한 억압적인 통제 속에서도 통신 인프라의 물리적 확장과 기술 인력의 양성은 꾸준히 이루어졌다.

조선총독부는 경성고등공업학교 등에서 전기통신 실습 교육을 시행하였고, 조선인 기술자들도 제한적으로나마 양성되었다. 이 시기에 축적된 인프라와 인력은 해방 이후 대한민국 정부가 체신부를 중심으로 국영 통신 체계를 정비하고 통신 산업을 자립적으로 발전시키는 데 중요한 자산이 되었다.

억압과 통제의 도구였던 식민지기의 통신망은, 아이러니하게도 광복 후 자주적 통신 시스템의 출발점이 되었다.

맺음말
– 한 줄의 전신선에서 시작된 정보통신 시대

대한민국 정보통신의 역사는 1885년, 한성과 제물포를 잇는 전신선 한 줄에서 시작되었다. 전기 신호가 수도에서 항구까지 단숨에 소식을 전하였고, 곧이어 사람의 목소리마저 전선을 타고 오가는 시대가 열렸다. 조선은 봉수와 파발의 시대를 지나, 전기를 매개로 하는 새로운 통신 문명에 진입하였다.

이처럼 조선 말기부터 일제강점기를 거치며 축적된 정보통신의 기초는 해방 이후 통신 재건과 자립의 출발점이 되었고, 나아가 오늘날 세계 최고 수준의 이동통신과 초고속 인터넷을 갖춘 대한민국 정보통신 산업의 튼튼한 초석이 되었다.

정보통신은 단지 기술이 아니라, 시대를 앞당기고 사회를 변화시키는 동력이었다. 한 줄의 전신선에서 시작된 변화는, 오늘날 초연결사회(Hyper-Connected Society)로 이어지는 장대한 여정의 서막이었다.

제2장.
해방과 한국전쟁
- 혼란 속 정보통신의 명맥을 잇다

해방 직후, 통신망의 혼란

1945년 8월 15일, 조선이 일제로부터 해방되었지만, 정보통신 체계는 여전히 일제 중심의 구조에 머물러 있었다. 일제강점기 동안 구축된 전신, 전화, 무선 통신망은 군사적·행정적 목적을 위해 운용되었고, 핵심 시설은 일본인 기술자와 관리자들이 독점하고 있었다. 조선인들은 주로 단순 업무에 종사했기 때문에, 해방 이후 복잡한 통신망을 자력으로 운영할 수 있는 숙련된 인력이 턱없이 부족한 상황이었다.

해방과 동시에 조선총독부 체신국은 해체되었고, 그 기능은 미군정청 통신부(Military Government Communications Division)로 이관되었다. 미군정은 통신망의 공백을 최소화하기 위해 일본식 행정 체계를 부분적으로 유지하면서 점진적으로 인수 및 운영을 추진하였다. 그러나 일본 기술자들의 급속한 철수와 주요 통신시설의 방치, 인력 부족 등으로 전국의 전화국과 전신국은 심각한 혼란에 빠졌고, 통신망은 사실상 마비되었다.

국제통신 복구와 미군정 협력

미군정은 조선을 국제 사회와 다시 연결하기 위한 첫걸음으로 국제통신 회선의 복구를 추진하였다. 1946년, 서울-도쿄-샌프란시스코를 잇는 국제 무선전신 회선이 복원되었고, 이어 서울과 워싱턴 간 국제 전화 연결도 시도되었다. 이는 조선의 통신 체계가 일본 중심에서 미국 중심의 국제 통신 질서로 전환되기 시작했음을 보여주는 상징적인 사건이었다.

이와 동시에 미국식 통신 장비와 운영 제도가 본격적으로 도입되었다. 서울 중앙전화국을 중심으로 주요 도시의 통신 인프라 복구가 추진되었고, 미군정은 한국인 기술자와 행정 인력의 양성을 위해 각종 교육과 실무 훈련을 실시하였다. 이러한 기반은 향후 자율적인 통신 행정 체계의 수립으로 이어지는 초석이 되었다.

정부 수립과 체신부의 출범

1948년 8월 15일, 대한민국 정부가 수립되면서 전신, 전화, 우편을 관장하는 중앙행정기관인 체신부가 출범하였다. 체신부는 해방 이후의 혼란을 수습하고 자립적인 통신체계 구축을 목표로 삼았다. 정보통신망을 복구·정상화하여 국가 재건의 기반을 다지고, 국민 생활과 산업 발전을 뒷받침하는 것이 핵심 과제였다.

그러나 출범 당시의 여건은 매우 열악했다. 일제가 남긴 통신시설은 대부분 노후하거나 파괴되어 있었고, 전문 인력과 장비, 예산 모두 부족한 실정이었다. 체신 행정 경험도 부족하여 많은 시행착오를 겪을 수밖에 없었다. 그럼에도 불구하고 체신부는 전국의 전화국과 전신국 정비, 지방 우체국 운영 정상화, 통신요금 제도의 확립 등 필수 업무를 하나씩 추진해 나갔다. 이러한 노력은 향후 대한민국 정보통신 자립의 중요한 기반이 되었다.

한국전쟁, 통신망의 붕괴

1950년 6월 25일, 북한의 기습 남침으로 한국전쟁이 발발하면서 갓 복구되던 통신망은 다시금 큰 타격을 입었다. 서울을 점령한 북한군은 중앙전화국과 체신부 본부를 장악하고 주요 통신 장비와 문서를 북으로 반출하였다. 이로 인해 통신망은 마비되었고, 통신 행정 기능도 사실상 중단되었다.

전쟁이 장기화되면서 서울, 대전, 부산 등 주요 도시의 전화국과 교환기는 파괴되거나 기능을 상실하였다. 미군과 유엔군은 군사 작전 수행을 위한 통신 유지에 집중해야 했기에, 민간 통신은 후순위로 밀릴 수밖에 없었다. 전선이 남북으로 오가며 통신망은 반복적으로 파괴와 복구를 거듭했다. 이 시기는 우리나라 정보통신 역사상 가장 심각한 붕괴기이자, 존립 자체가 위태로웠던 시기였다.

정전 이후, 통신망의 재건

1953년 7월 27일, 정전협정이 체결되자 체신부는 즉시 전국적인 통신망 복구에 착수하였다. 전화국, 전신국, 우체국의 재건은 단순한 시설 복원 그 이상의 의미를 지녔다. 이는 전쟁으로 폐허가 된 국가의 재건을 상징하는 핵심 과제였다.

복구는 단계적으로 이루어졌다. 유엔군이 사용한 군용 통신망의 일부는 민간용으로 전환되었다. 미국의 경제원조와 유엔군이 남긴 장비, 그리고 군사망의 민간화는 통신망 재건에 큰 힘이 되었다. 특히 서울 중앙전화국은 상징적 거점으로서 집중 복구되었고, 교환기 재설치, 회선 증설, 통신요금 체계 정비 등 실질적인 복구 사업이 추진되었다.

복구 과정에서 체신부는 한국인 기술자 중심의 운영 체계를 확립해 나갔다. 이는 단순한 회복을 넘어 더 효율적이고 현대적인 통신체계 구축으로 이어졌다. 이러한 기반 위에서 대한민국은 본격적인 산업화와 경제 성장을 뒷받침할 정보통신 인프라를 갖추기 시작하였다.

제3장.
체신부 시대
– 산업화와 함께 이룬 통신 인프라의 대전환

1960년대, 대한민국은 전쟁의 폐허 위에서 산업화와 경제성장을 위한 대장정에 돌입하였다. 국가적 역량은 제조업 중심의 산업 기반 조성과 함께, 이를 뒷받침할 사회간접자본 확충에 집중되었다. 이 가운데 정보통신은 단순한 생활 편의를 넘어, 국가 운영과 경제 발전을 위한 필수 인프라로 인식되었다. 전화·전신·국제통신망은 산업 활동을 연결하고 국민을 소통하게 하는 핵심 수단이었다. 이러한 중대한 과제를 맡아 추진한 기관이 바로 체신부였다.

체신부는 전국 단위 통신망의 확장과 현대화를 통해 대한민국 정보통신 발전의 토대를 다졌다. 기술 자립과 인력 양성, 제도 정비를 바탕으로 통신 인프라를 국가적 전략 자산으로 전환시킨 것이다. 이 시기에 구축된 기반은 오늘날 대한민국이 디지털 강국으로 도약하는 데 결정적 기틀이 되었다.

경제개발계획과 정보통신의 전략적 위상

　1962년 출범한 제1차 경제개발 5개년 계획은 산업 성장의 기반으로 정보통신 인프라를 국가 전략 차원에서 다루었다. 체신부는 전화와 전신을 단순한 통신 수단이 아닌 행정의 효율성, 산업의 생산성, 외국 자본 유치의 핵심 인프라로 인식하였다. 하지만 당시 통신 현실은 열악하기 짝이 없었다. 시외전화를 이용하려면 우체국 앞에 길게 줄을 서야 했고, 전화회선 수 부족으로 대기 기간이 수개월에서 수년까지 걸리는 일도 흔했다. 정부는 통신망 확충을 위해 해외 차관, 대일청구권 자금 등을 활용하여 재원을 마련하였다. 체신부는 전화국 신설, 통신 설비의 현대화, 주요 구간의 회선 증설을 통해 본격적인 인프라 구축에 나섰고, 이는 곧 국가 시스템의 체계화를 이끄는 중요한 전환점이 되었다.

시내전화 보급 확대와 통화권 확장

　1961년 기준 전국 전화 회선 수는 약 15만 회선으로, 인구 100명당 1대도 미치지 못했다. 체신부는 도심 지역을 중심으로 교환기 용량 증설과 선로 시설 확충에 착수하여 시내전화 보급을 점진적으로 확대하였다. 이 시기에 도입된 외국산 자동식 기계 교환기(EMD, Strowger Type)는 수동식 전화에 비해 통화 연결 속도와 안정성이 뛰어나 자동 통신망의 기반을 마련했다. 이후 1979년 말 회선 수는 약 220만 회선으로 증가하였으며, 이는 20년 사이 약 14배의 성장을 의미했다. 전화는 단순한 의사소통 수단을 넘어서, 국민 생활 양식과

송신소 내부시설

산업 활동 전반을 변화시키는 동력이 되었다.

시외전화 회선 증설과 장거리자동전화 도입

경제 성장이 본격화되면서 도시 간 통신 수요 역시 폭발적으로 증가하였다. 체신부는 1963년부터 시외전화 회선 증설에 착수하였으며, **초단파통신(Microwave)**과 동축케이블을 도입해 주요 거점 간 대용량 회선을 구축하였다. 대표적인 사례로 1970년 완공된 서울-부산 간 동축케이블은 약 400채널 규모로 당시 국내 최대의 통신 설비였다. 이어 1971년에는 DDD(Direct Distance Dialing)라고 불리는 장거리자동전화 방식이 도입되면서, 교환원 없이 가입자가 직접 시외 전화를 걸 수 있는 시대가 열렸다. 이는 시간과 공간의 제약을 넘어선 획기적인 변화로, 행정·산업·일상생활의 효율성을 크게 높였다.

농어촌 지역의 통신 사각지대 해소

체신부는 도시 중심의 전화 보급을 넘어서, 농어촌 지역의 통신 소외 해소에도 역점을 두었다. 1970년대 들어 '전화 사각지대 해소'를 목표로, 리·동 단위까지 전화 설치를 추진하였다. 당시 한 마을에 전화가 설치되면, 전화벨이 울릴 때마다 마을 전체가 들썩였다. "김아무개 전화 왔소!" 하고 마을 스피커로 외치면, 논밭에서 일하던 주민이 전화를 받으러 뛰어오는 풍경은 전형적인 시대상이었다. 전화는 농산물 시세 파악, 출하 조정, 긴급 연락 등 실질적인 가치를 발휘하며, 농촌 생활의 질을 획기적으로 향상시켰다.

국제전화 현대화와 위성통신의 시작

1960년대 초, 한국의 국제전화는 대부분 일본이나 미국을 경유하는 단파 무선 방식이었고, 품질은 낮고 비용은 매우 높았다. 이에 체신부는 국제 통신망의 직접 연결 체계 구축에 착수하였다.

1970년, 충남 금산에 위성통신지구국이 준공되면서 인텔샛(INTELSAT, 국제위성통신기구) 위성을 통한 직접 연결이 가능해졌다. 이를 통해 미국, 유럽, 동남아시아 등과 고품질 국제통화가 가능해졌고, 국제전화 품질은 획기적으로 개선되었다. 나아가 이는 무역·외교·관광 등 전방위 분야에서 국가 경쟁력을 높이는 계기가 되었으며, 한국이 실질적으로 '세계와 연결된' 국가로 도약하는 전환점이었다.

통신기술 인력 양성과 운영 기반 확립

통신망의 대대적인 확대는 전문 기술인력 확보 없이는 불가능했다. 체신부는 1965년 전기통신훈련소를 설립하여 교환기술자, 회선 기술자, 장비 관리 인력 등 실무 중심의 교육을 시행하였다. 이는 전국 현장에서 즉시 투입 가능한 통신 기술자의 양성 기반이 되었다.

아울러 체신부는 정책기획과 행정 운영을 담당할 관리 인력도 함께 육성하였다. 이러한 기술·행정 복합형 조직 체계는 향후 공기업 체제의 기반이 되었으며, 전문성과 자율성을 갖춘 통신운영 체계를 뒷받침하는 중요한 자산이 되었다.

국영 통신체제의 출범과 한국전기통신공사의 탄생

1970년대 후반, 통신 수요의 급증과 기술의 고도화, 국제 경쟁력 확보의 필요성이 커지면서 정부는 보다 전문화된 통신 운영 체제를 구상하게 되었다. 공무원 조직에 기반한 기존 체신 행정으로는 빠른 기술 발전과 수요 증가에 효과적으로 대응하기 어려웠기 때문이다.

이에 따라 1981년, 한국전기통신공사(Korea Telecommunications Authority, KTA)가 설립되었다. 이는 체신부가 축적한 기술력과 인력, 시설을 토대로 구성된 국영기업으로, 유연한 조직 구조와 전문 경영 체계를 통해 통신 서비스의 품질을 향상시키고 투자 효율성을 제고하였다. 한국전기통신공사의 출범은 이후 통신 자유화와 민영화로 나아가는 제도적 전환의 첫걸음이었다.

맺음말 – 체신부 시대가 남긴 유산

　1960-70년대 체신부가 주도한 정보통신 정책은 단순한 설비 확장이 아니었다. 그것은 기술 자립, 인재 양성, 제도 정비, 국영화 기반 마련까지 아우르는 장기적 국가 전략이었다. 체신부는 전화 한 통 걸기도 어려웠던 시절, 전국망 구축과 세계 연결이라는 비전을 현실로 바꾸어 놓았다.

　이 시기에 축적된 기반은 1980년대의 디지털 전화 전환, 1990년대의 인터넷 보급, 2000년대 이후의 이동통신 혁신을 이끌어낸 정보통신의 뿌리였다.

　오늘날 대한민국이 세계적인 디지털 강국으로 자리매김할 수 있었던 것은, 전화 한 통도 귀하던 시절에 묵묵히 기반을 다져온 체신부 시대의 땀과 헌신 위에 가능했던 일이었다.

제4장.
공사와 정보화의 기틀

한국전기통신공사의 설립
– 통신 전문 기관으로의 전환

1981년, 대한민국의 통신 행정과 사업 운영에 중대한 전환점이 마련되었다. 정부는 체신부의 전기통신사업 부문을 분리하여 한국전기통신공사(KTA)를 설립하였다. 이는 단순한 조직 개편을 넘어, 통신의 전문성과 효율성을 제고하고, 정책 수립과 사업 집행의 기능을 명확히 구분하려는 제도적 개혁이었다.

기존 체신부는 정책 입안과 법령 제정, 행정은 물론 전화망 구축, 요금 징수, 고객 응대까지 아우르는 광범위한 역할을 수행해왔다. 그러나 한국전기통신공사가 출범하면서부터는 정책과 집행이 분리되어, 공사는 통신망의 계획·건설·운영 등 실질적인 집행 업무에 전념할 수 있게 되었다. 체신부는 정책 수립과 법령 제정, 규제 및 감독 등 본

연의 기능에 집중하게 되었으며, 두 기관은 상호 보완적인 역할을 수행하는 체계로 정비되었다.

한국전기통신공사의 설립은 향후 정보화 시대를 준비하는 데 결정적인 제도적 기반이 되었으며, 통신 기술과 조직 운영 양면에서 자율성과 전문성의 도약을 가능케 한 중대한 이정표였다.

전화 보급 확대 – 가정으로 들어온 전화기

공사 설립 당시 전화는 여전히 대중적 통신 수단이 아니라 '희소 자원'이었다. 전국적으로 약 300만 명이 전화 개통을 기다리고 있었고, 전화 보급률은 100가구당 8.3대에 불과했다. 수도권을 제외한 대부분의 지역, 특히 농어촌에서는 기본적인 통화조차 어려운 상황이었다.

한국전기통신공사는 이 문제를 최우선 과제로 삼아 전국적인 선로망 확충, 교환기 증설, 국산 장비 도입 등 유선망 확대에 총력을 기울였다. 특히 농어촌 지역에는 '농어촌 전화 보급 사업'을 별도로 추진하여 도시와의 통신 격차 해소에 주력하였다.

그 결과, 10년 만에 전화 보급은 눈에 띄게 성장했다. 1990년 기준, 전화 보급률은 100가구당 45.1대로, 전화는 특권층의 전유물이 아닌 일상 생활의 필수품으로 자리 잡았다. 이는 한국 사회가 본격적인 정보 접근 사회로 전환되었음을 의미하는 상징적 변화였다.

자동화와 디지털화의 시작 – TDX

1980년대 초, 한국은 통신 기술 자립이라는 과제에 직면해 있었다. 당시 대부분의 교환기는 외국산 기계식 또는 반전자식 방식에 의

한국전기통신공사 창립기념식

존하고 있었고, 국내 기술력은 초기 단계에 머물러 있었다.

이러한 상황 속에서, 1984년 한국전기통신공사와 한국전자통신연구소(ERTI)는 공동으로 개발한 TDX(전전자식 디지털 교환기, Total Digital eXchange)의 상용화에 성공하였다. TDX는 디지털 전자 기술을 바탕으로 음성 신호를 시간 분할 방식으로 처리하여 통화 연결을 가능케 한 획기적인 기술 전환이었다. 기존의 기계식 교환기 체계를 벗어나 자동화와 디지털화로 나아가는 첫걸음이었다.

TDX는 초기형인 TDX-1을 시작으로 TDX-1A, 1B, TDX-10 등

으로 성능 개선을 거듭하였으며, 이를 기반으로 전국 전화망의 디지털화와 자동화가 본격적으로 추진되었다. 연결 속도와 통화 품질이 크게 향상되었고, 운영 효율성도 높아졌다.

무엇보다 TDX는 단순한 기술 개발을 넘어, 한국이 자국의 통신 기술을 자력으로 개발하고 운영할 수 있다는 자신감을 심어주었다. 이 성과는 이후 CDMA(Code Division Multiple Access, 부호분할 다중접속) 이동통신 개발 등 첨단 통신 기술 확보로 이어지는 중요한 발판이 되었다.

데이터통신과 전산망 – 정보화 사회의 문을 열다

1980년대 중반 이후, 통신 수요는 음성 중심에서 점차 데이터 중심으로 전환되기 시작했다. 팩시밀리, 신용카드 승인 단말기, 기업용 전산망 등 정보통신 응용 기술에 대한 수요가 폭발적으로 증가하였고, 이에 따라 데이터 통신 인프라의 구축이 절실해졌다.

한국전기통신공사는 이러한 변화에 대응하여 1982년부터 국가전산망 구축 사업을 추진하였다. 이 사업은 중앙정부, 공공기관, 대학, 연구소 등을 고속 전산망으로 연결하는 것이 주요 목표였다. 이를 기반으로 이후 학술연구망(KORNET), 공공기관 전용망, 기업용 통신망 등으로 확장되며 국내 정보통신 기반이 정비되어 갔다.

또한, 민간 통신사업자인 한국데이콤(DACOM)은 기업용 데이터통신 시장을 선도하며 공공과 민간이 상호 보완적인 네트워크 체계를 형성하게 되었다. 이는 1990년대 이후 광대역 통신망(BcN) 구축과 초고속 인터넷 확산으로 이어지며 디지털 사회로의 이행을 촉진시켰다.

사무자동화(Office Automation), 판매시점관리(POS) 시스템, 데이터 단말기(DTE) 등 정보기술 응용 장비도 빠르게 보급되었다. 이로써 정보통신은 산업 효율성과 경쟁력을 좌우하는 핵심 인프라로 자리매김하였다.

국제전화 자동화 – 세계로 이어진 통신망

1980년대 초만 해도 국제전화는 대부분 교환원을 통한 수동 연결 방식에 의존하고 있었고, 요금은 고가였으며 통화 연결에도 상당한 시간이 소요되었다.

한국전기통신공사는 국제전화 자동화를 정보화 국가로의 도약을 위한 핵심 과제로 인식하고, 서울을 중심으로 자동 연결 시스템 구축에 착수하였다. 1982년, 미국과 일본 등 주요 국가와의 자동 국제전화 서비스가 개시되었고, 이후 대상 국가는 점차 전 세계로 확대되었다.

아울러 한국전기통신공사는 인텔셋(INTELSET, 국제위성통신기구)의 정회원으로 가입하였으며, 인공위성을 활용한 국제 회선 확보에 주력하였다. 또한, 일본과는 한·일 해저 광케이블을 개통함으로써 아시아 지역 통신망의 주요 거점으로서 한국의 위상을 높였다.

이러한 국제 통신 인프라의 확장은 한국 기업의 해외 진출과 국제 교류, 문화 콘텐츠 수출 등 다양한 분야에서 '세계와의 연결'을 실현하는 기반이 되었다.

공기업으로서의 책임 – 공공성과 자립성의 조화

한국전기통신공사는 공기업으로서 공공성과 기업성을 동시에 추구해야 하는 과제를 안고 있었다. 통신 요금은 정부 정책에 따라 통제되었지만, 동시에 수익성과 경영 효율성 확보도 요구되었다.

한국전기통신공사는 이러한 과제에 대응하기 위해 투명한 요금 정책과 과감한 설비 투자, 기술 혁신, 고객 서비스 개선을 적극적으로 추진하였다. 특히 보편적 서비스 제공 원칙에 따라 도농간 통신 격차 해소와 장애인·저소득층 등 취약계층 통신 서비스 확대에 집중하였다.

이러한 운영 철학은 향후 민영화 및 경쟁 체제로의 전환 과정에서도 '통신의 공공성'을 유지해야 한다는 원칙의 기준점이 되었으며, 한국전기통신공사는 책임 있는 공기업의 모범 사례로 평가받았다.

맺음말
– 공사 체제는 정보통신 강국으로 가는 도약대였다

한국전기통신공사는 단순히 체신사업을 위임받은 운영 주체가 아니었다. 통신 기술 자립, 보편적 서비스 실현, 국제 인프라 구축이라는 세 축을 중심으로, 대한민국이 정보통신 강국으로 도약하는 데 핵심 동력이 되었다.

전화 보급 확대, TDX 개발과 상용화, 데이터 통신망 구축, 국제전화 자동화, 그리고 공공성과 효율성을 조화시킨 경영 전략은 모두 공사 체제 아래에서 가능했던 성과였다. 이와 같은 기반 위에서 민영화와 경쟁 시장 체제로의 전환이 추진되었으며, 이는 한국 정보통신 산업이 세계와 당당히 경쟁할 수 있는 토대를 형성하게 만들었다.

제5장.
경쟁시대의 정보통신
-민간기업의 부상

민영화의 출발 – 공공에서 시장으로

1990년대 초, 세계 각국은 공공 부문의 비효율성을 극복하고 국제 경쟁력을 강화하기 위해 공기업의 민영화를 본격적으로 추진하였다. 한국 역시 이러한 세계적 흐름에 발맞추어 정보통신 산업 구조 개편에 착수하였다. 1993년, 정부는 '공기업 민영화 기본계획'을 수립하고, 한국전기통신공사(KTA)의 명칭을 'KT(Korea Telecom, 한국통신)'로 변경하였다. 이는 단순한 사명 변경을 넘어, 공공 통신사업자에서 민간 경쟁 사업자로 전환하기 위한 첫걸음이었다.

정부는 KT의 공공성과 사업성을 분리하고, 경쟁 수용을 위한 법적·제도적 기반을 마련하였다. 이는 통신산업을 국가 기반 인프라 중심의 공공서비스에서 시장 경쟁 중심의 산업으로 전환하는 중대한 분기점이었다.

경쟁 도입 – 하나의 KT에서 복수 사업자로

민영화 추진과 함께 정부는 통신 시장에 '경쟁 원칙'을 도입하였다. 1990년대 중반부터 국제통신 분야에 복수 사업자 제도가 시행되었고, 이동통신과 유선통신 시장에도 경쟁 체제가 확산되었다.

1996년, 제2통신사업자인 한국데이콤(DACOM)이 국제전화 시장에 진출하였으며, 1997년에는 하나로통신 등 신규 통신사업자가 등장하였다. 이동통신 분야에서는 SK텔레콤, 신세기통신, LG텔레콤 등 민간 사업자들이 경쟁에 나섰다.

이러한 변화는 KT에게 더 이상 독점 체제에 안주할 수 없음을 명확히 일깨웠다. 요금 인하, 서비스 품질 향상, 고객 만족도 제고는 기업 생존을 위한 필수 과제가 되었다. 이에 따라 KT는 조직 개편과 사업 모델 혁신, 고객 중심 경영 체제로의 전환을 서둘렀다.

구조조정과 체질 개선 – 민간 기업으로의 도약

KT는 민영화 과정에서 공기업의 경직성과 비효율성을 극복하고, 시장 중심의 경영 체제를 확립하기 위한 대대적인 구조조정에 착수하였다. 조직 슬림화, 인력 재배치, 성과 중심의 인사 제도 도입은 새로운 기업 문화를 정착시키기 위한 핵심 과제였다. 이 과정에서 내부 저항과 노동조합의 반발, 고용 안정성 문제 등 다양한 난관이 있었지만, KT는 이를 '생존을 위한 진화'로 받아들였다.

민영화는 단순한 지분 구조의 변화가 아니라, 기업 운영 방식과 철학 전반의 혁신을 요구하였다. KT는 이를 통해 '공기업형 통신사'에서 '경쟁형 ICT(정보통신기술, Information and Communications Technologies) 기업'으로 탈바꿈하였으며, 종합 정보통신 플랫폼 기업으로 거듭날 기반을 착실히 다졌다.

인터넷과 초고속통신의 물결 – ADSL의 대중화

1990년대 후반, 국내 정보통신 환경은 PC통신 중심에서 웹 기반 인터넷 시대로 빠르게 전환되었다. 이에 따라 인터넷 접속 속도와 안정성에 대한 수요가 급증하였고, 초고속 인터넷 서비스는 사회 전반의 핵심 인프라로 자리매김하게 되었다.

KT는 ADSL(비대칭 디지털 가입자 회선) 기술을 활용한 초고속 인터넷 서비스를 상용화하였다. 1999년 '메가패스(MegaPass)' 브랜드로 출시된 이 서비스는 기존 전화선을 그대로 이용하면서도 광대역 접속을 가능케 해 초고속 인터넷의 대중화를 이끌었다.

KT는 전국에 이미 구축된 유선망을 적극 활용해 빠르게 시장을 선점하였다. 그 결과, 2002년 기준 한국의 가구당 초고속 인터넷 보급률은 약 70%를 넘어서며 세계 1위를 기록하였다. 이는 국가 정보화 수준 향상의 견인차 역할을 했다.

공기업의 마지막 날 – 완전 민영화

2002년, 정부는 보유하던 KT 지분 전량을 민간에 매각하면서 완전 민영화를 마무리하였다. 이로써 KT는 공기업의 지위를 완전히 내려놓고 민간 주식회사로서 시장 경쟁에 본격적으로 뛰어들게 되었다.

완전 민영화 이후 KT는 단순한 통신 인프라 제공에서 벗어나, 클라우드, 보안, 미디어, 빅데이터 등 다양한 ICT 서비스로 사업 영역을 확장하였다. 이는 한국통신이 디지털 경제의 핵심 플레이어로 성장하는 기반이 되었고, 국내 정보통신 산업 전반의 체질 개선과 경쟁력 강화에도 크게 기여하였다.

KT의 민영화는 국내 공기업 구조 개혁의 대표적 성공 사례로 평가되며, 시장 경쟁 기반 위에서 정보통신 서비스가 고도화되는 구조적 전환점으로 기록된다.

맺음말 – 생존을 위한 도전, 그 새로운 시작

1990년대부터 2000년대 초반까지는 KT에게 있어 '공공에서 민간으로', '음성 중심에서 데이터 중심으로'의 대전환기였다. 이는 단순한 기술이나 제도의 변화에 그치지 않고, 기업 정체성과 운영 철학, 조직 문화 전반에 걸친 거대한 혁신이었다.

KT는 민영화를 계기로 국민 기업으로서의 새로운 정체성을 확립하였고, 이후 ICT 플랫폼 기업으로 진화하며 글로벌 정보통신 산업의 흐름을 선도할 역량을 키워갔다.

이 시기는 한국 통신 산업이 단순한 연결 수단에서 국가 경쟁력의 핵심 동력으로 변모하는 결정적 전환기였다. 그리고 그 중심에는 끊임없는 자기 혁신과 변화 의지를 바탕으로 '정보통신의 미래'를 향해 나아간 KT의 도전과 응전이 자리하고 있었다.

통신요금 정책과 보편적 서비스의 과제

민영화 이후 경쟁이 심화되면서 이용자 부담 경감과 보편적 서비스 보장은 정부 정책의 중요한 과제가 되었다. 2000년대 초부터 기본요금 인하, 가입비 폐지, 선택약정 할인제도 등이 도입되었고, 2010년대에는 취약계층 요금 감면, 청년 맞춤 요금제, 알뜰폰 활성화 등 다양한 정책이 시행되었다.

특히 고령자와 저소득층의 통신 접근성을 보장하는 보편적 서비스 제도는 정보격차 해소와 통신 복지 실현이라는 국가적 목표와 직결된다. 이는 민간 기업의 수익성과 공공성 간 균형을 조율하는 중요한 정책적 축으로 자리 잡았으며, 민영화 이후 통신정책의 지속 과제로 남아 있다.

제6장.
정보통신과 정보화사업의 연관성
- 디지털 사회를 이끈 두 축의 동행

오늘날 디지털 사회는 정보통신 기술의 발전과 이를 활용한 정보화사업의 성과 위에 구축되었다. 이 두 요소는 상호보완적 관계 속에서 함께 진화해왔다. 정보통신 기술은 정보화사업의 기술적 기반이자 실행 수단이었고, 정보화사업은 정보통신 기술의 수요를 창출하며 활용 범위를 확장시켰다. 이들의 협력은 한국 사회의 디지털 전환을 이끈 핵심 동력이었다.

정보통신과 정보화사업의 기반

정보화사업은 정부와 민간이 정보기술을 활용하여 행정 효율성 증대와 국민 삶의 질 향상을 위해 추진한 다양한 정책과 프로젝트를 일컫는다. 전자정부, 디지털 행정, 스마트시티, 온라인 교육, 의료정보시스템 등이 대표적 사례이다. 이러한 사업들은 안정적인 통신망, 컴퓨터, 데이터 전송 기술 등 ICT(정보통신기술)의 뒷받침이 필수적이다.

정보화의 출발점은 공공 행정의 전산화였다. 업무 데이터를 전자적으로 입력·저장·전송하고 필요 시 검색하기 위해서는 단순 전산장비를 넘어 견고한 통신 인프라가 필요했다. 중앙정부와 지방자치단체 간 자료 연계, 실시간 정보 공유, 국민 대상 온라인 민원 서비스는 모두 정보통신 기술 기반 시스템이었다. 특히 초고속 통신망과 데이터 전송 기술의 발전은 정보화 실현의 결정적 배경이었다.

정보화사업과 정보통신 기술 발전의 상호 촉진

정보화사업은 정보통신 기술 발전을 자극하고 가속화하는 역할을 수행했다. 1980년대 후반 정부 주도의 행정전산화 사업은 단순 전산기기 도입을 넘어 네트워크 구축, 데이터 표준화, 보안 체계 구축을 요구했다. 이에 따라 공공 통신망의 고도화와 네트워크 기술 발전이 함께 이루어졌다.

1990년대 중반 본격화된 전자정부 사업은 통신망, 서버, 전자문서 처리, 전자결재, 디지털 인증 등 다양한 정보통신 기술을 총동원하였다. 정보보안, 대용량 트래픽 처리, 클라우드 서비스 기술도 빠르게 성장하였다. 국민이 직접 이용하는 온라인 세금납부, 주민등록, 건강보험, 부동산 정보 시스템 등은 고도화된 정보통신 기술 없이는 구현 불가능했다. 정보화 수요가 기술 발전을 촉진하고, 기술 발전은 다시 정보화의 가능성을 확장하는 선순환 구조가 형성되었다.

상호 보완적 발전 구조

정보통신 기술과 정보화사업은 기능적으로 구분되지만 실질적으로는 상호 의존적이다. 정보통신은 인프라와 기술을 제공하고, 정보화사업은 이를 활용해 사회 시스템과 생활 방식을 혁신한다. 이는 엔진과 연료의 관계와 같다. 정보통신이라는 엔진이 효율적으로 작동하려면 정보화사업이라는 연료가 필요하며, 연료만 있고 엔진이 없으면 시스템은 작동하지 않는다.

특히 국가 기간통신망 확충과 함께 추진된 정보화사업은 행정뿐 아니라 교육, 복지, 교통, 의료 등 사회 전 분야로 확대되었다. 공공기관의 디지털 서비스는 단순 문서 전자화에서 벗어나 실시간 정보 제공, 국민 참여 확대, 업무 투명성 및 효율성 증대 방향으로 진화하였다. 정보통신 기술과 정보화사업은 서로의 진보를 자극하며 선순환 구조를 완성하였다.

국가 정책 차원의 통합 추진

대한민국은 비교적 이른 시기부터 정보통신 기술과 정보화사업을 통합적으로 고려하는 정책을 추진했다. 1987년 '행정전산화 기본계획(1987)'은 개별 부처별 전산화 흐름을 국가 전략으로 통합한 계기였다. 1995년 제정된 『정보화촉진기본법』은 정보화를 국가 핵심 과제로 격상시키고, 정보통신부를 중심으로 통신 인프라와 정보화사업 병행 추진 체계를 구축했다.

2000년대 전자정부 사업이 본격화되면서 정보통신과 정보화는 더욱 긴밀히 결합되었다. 주민등록, 건강보험, 세무, 부동산, 민원24 등 대국민 서비스가 온라인화되고, 이들 시스템은 고도화된 통신망과 보안 기술을 바탕으로 구축되었다. 전국 광대역 통신망(KII), 인증서 기반 정보보안 체계, 전자문서 시스템 등은 정보통신 기술과 정보화사업의 공동 설계와 실행 결과이다. 정책적으로도 기술과 서비스를 유기적으로 작동시키는 기반이 마련되었다.

디지털 사회의 쌍두마차

정보통신 기술과 정보화사업은 디지털 사회로의 전환을 이끈 양대 축이었다. 하나는 기술적 기반을 제공하고, 다른 하나는 그 기술을 활용해 국민 삶과 사회 시스템을 변화시켰다. 두 축이 균형 있게 성장하고 맞물려 작동함으로써 한국은 세계적인 정보통신 강국으로 도약할 수 있었다.

정보화는 정보통신 기술의 활용이며, 정보통신 기술의 발전은 새로운 정보화 기회를 창출한다. 이들의 상호작용과 진화가 대한민국 디지털 혁신의 원동력이었으며, 앞으로도 이 두 축의 조화로운 발전이 더욱 포용적이고 창의적인 디지털 미래 사회 실현에 기여할 것이다.

"

대한민국 통신 기술의 발전은
단순한 기술 진보를 넘어,
통신 주권 회복과 국가 자립을 상징하는 여정이었다.

제2편
유선통신 기술의 발전

제7장.
교환시설
- 연결의 진화를 이끈 중추 장치

　전화 통신망의 중심에는 '교환기'라는 장치가 있다. 교환기는 발신자와 수신자 사이의 회선을 연결해주는 핵심 설비로, 그 기술적 진보는 정보통신 기술 발전의 중심축 역할을 해왔다. 수동식에서 기계식, 전자식, 디지털 교환기로 이어진 진화 과정은 통화의 자동화와 효율성, 품질 향상을 이끌었으며, 전국적인 통신망 확대와 정보화 사회로의 이행을 가능케 했다.

전신교환기 – 메시지 릴레이의 시작

　전화가 등장하기 이전, 통신의 주역은 전신기였다. 전신기는 전류의 흐름을 이용해 **모스 부호(Morse Code)**를 전송하고, 수신자가 이를 해독하는 방식으로 운영되었다. 초기에는 종이에 인쇄하거나 음향 신호로 해독하는 방법이 주로 사용되었다.

　대표적인 장비로는 모스 전신기와 음향 전신기가 있으며, 중

음향기와 계전기

T34형 텔레타이프

계소를 거쳐 대륙 간 통신도 가능했다. 이후 등장한 **텔레타이프(Teletype)**는 키보드 입력을 전기 신호로 변환해 원거리에서 문자 형태로 인쇄하는 장치로, 전신기와 타자기의 기능을 결합한 형태였다.

국내에서는 1965년 12월 자동 Telex가 도입되었고, 1979년 3월에는 전자식 Telex가 등장하면서 통신 효율성이 크게 향상되었다.

수동식 교환기 – 사람의 손으로 이어진 회선

초기 전화 도입 시점에는 자동 연결 기술이 없어, 사람이 직접 회

공전식 교환기(좌)와 자석식 교환기(우)

선을 연결하는 수동식 교환기가 사용되었다. 교환국의 교환원이 이용자의 요청에 따라 플러그와 잭을 이용해 회선을 연결하는 방식이다.

자석식 교환기 (Magneto Switchboard)

전화기 내부의 **자기 발전기**(Magneto Generator)를 손으로 돌려 전류를 발생시키고, 교환국에 호출 신호를 보낸다. 교환원이 응답하면 플러그를 이용해 수신자의 회선에 연결하며, 통화 종료 시 플러그를 분리한다. 외부 전원이 필요 없는 자가발전 시스템으로, 전기 공급이 어려운 농촌·도서 지역에서 오랫동안 사용되었다.

공전식 교환기 (共電式 交換機)

교환국에서 공급하는 전원을 사용해 전화기를 작동시키는 방식으로, 1930년대 후반 서울·부산 등 대도시에서 처음 도입되었다. 사용자가 수화기를 들면 교환기에 설치된 램프가 점등되어 통화 요청을 알리고, 교환원이 응답하여 상대 번호를 확인 후 회선을 연결한다. 자석식에 비해 음질이 우수하고 사용이 간편했으며, 일부 농어촌 지역에서는 1980년대 초까지 사용되었다.

기계식(자동식) 교환기 – 자동 전화 시대의 개막

수동 방식의 한계를 극복하고 급증하는 전화 수요에 대응하기 위해 등장한 것이 기계식 자동 교환기이다. 사용자가 전화기의 다이얼만 돌리면 회선이 자동으로 연결된다.

ST 교환기 (Step-by-Step)

세계 최초의 자동식 교환기는 미국 스트로저(Strowger) 발명품으로, 다이얼 입력에 따라 **셀렉터(selector)**가 수직·수평으로 이동해 회선을 선택한다. 스위치 작동 시 발생하는 기계음이 단점이었다. 국내에서는 1935년 함경도 나진우체국에 처음 설치되었으며, 이후 서울중앙·동대문·을지전화국 등으로 확산되었다. 초기에는 일본 NEC사 제품을 사용했고, 1962년부터 국산 OPC 제품으로 점차 교체되었다.

EMD 교환기 (Electronic Magnet Drehwähler)

독일 지멘스(Siemens)사에서 ST 교환기 단점 개선하여 개발하였다. 스위치가 유리 도어 안에 장착되어 소음이 적고, 다이얼 신호에

ST교환기(좌)와 EMD교환기(우)

따라 회전하며 번호를 선택한다. 국내에서는 1960년 서울 용산전화국 설치 후 광화문, 성북전화국 등으로 확대되었다. ST·EMD 교환기는 1930년대부터 1980년대까지 국내 전화 자동화의 주축이었다.

전자식 교환기 – 디지털 전환의 관문

1980년대 대한민국은 급증하는 통화량과 고품질 서비스 수요에 대응해 전자식 교환기(ESS) 시대에 진입했다. 전자 회로와 컴퓨터 제어 기반으로 고속·정밀 통화 연결과 다양한 부가 서비스를 제공하였다.

> **ESS (Electronic Switching System)**
> 릴레이 없이 전자 회로와 컴퓨터 제어로 회선을 자동 연결하는 방식이다. 착신전환, 통화대기, 고장 진단 등의 부가 기능을 지원한다. 1979년 서울 당산·영동전화국에 미국 루슨트(Lucent)사 제품 도입하여 운영하였다.

TDX – 국산 전자교환기의 성공

1984년 한국전자통신연구소(ERTI) 주도로 TDX(전전자식 디지털 교환기)를 개발하여 외산 기기에 대한 의존성에서 탈피하였다. 음성을 디지털화해 시간 슬롯으로 전송하는 TDM(Time Division Multiplexing) 방식을 사용하였다. TDX-1, TDX-1A, TDX-1B 등 자체 개발 모델을 전국에 보급하였고, 그 중에 일부는 해외 수출하기도 하였다. 이를 통해 전국 전화망 완전자동화의 기반을 마련하였다.

※ TDX 개발 과정은 제28장에 서술

맺음말

교환기의 역사는 곧 통신의 역사다. 사람이 손으로 플러그를 연결하던 수동식 시대에서 시작해, 기계식 자동화, 전자식 ESS, 디지털 기반 TDX로 이어지는 기술 진화는 단순한 설비 발전을 넘어 사회의 연결 방식을 혁신했다.

특히 TDX 개발과 보급은 외국산 기술 의존에서 벗어난 기술 독립의 상징이었다. 교환기 발달은 대한민국이 정보통신 강국으로 도약하는 데 결정적 기틀이 되었으며, 오늘날 광대역, 초고속 통신망과 스마트 기술의 기반이 되었다.

교환기	국내 도입	특징	비고
전신기	1965년	Telex 자동문자 전송	초기 전신 서비스
자석식	1920-30년대	핸들 크랭크 → 플러그 연결	농촌/도서 지역 장기간 사용
공전식	1930년대 후반	교환국 전원 이용	도시 중심, 음질 우수
ST	1935년 나진우체국	다이얼 → 셀렉터 선택	초기 자동화
EMD	1960년 서울 용산	저소음, 연속 스위치	ST 단점 개선
ESS	1979년 당산/영동	전자·컴퓨터 제어, 부가 서비스	외산 루스트 도입
TDX	1984년 개발	TDM 디지털 교환, 국산	국내 완전자동화, 일부 수출

교환기 발전사 요약표

제8장.
선로의 진화
– 전화기에서 교환기로 이어지는 길

전화 통신의 근간, 선로의 역할과 발전

전화 통신은 단말기와 교환기만으로 이루어지지 않는다. 이들을 물리적으로 연결하는 **선로(線路)**가 존재해야 비로소 통화가 가능하다. 선로는 단순한 전선처럼 보이지만, 통신 품질과 안정성, 서비스 범위, 나아가 전체 통신망의 구조를 결정하는 핵심 인프라다. 선로 기술의 발전은 통화 품질 향상과 대용량 데이터 전송을 가능케 했으며, 통신망 운영 방식에도 혁신을 가져왔다.

선로의 시작과 역할

초기 전화 통화는 한 가닥의 구리선을 통해 음성을 전달하는 단순한 구조였다. 그러나 통신 수요가 급증하면서, 다수의 회선을 효율적으로 연결할 수 있는 기술이 필요했다. 이에 따라 다양한 선로 기술이

지하로 뻗은 동도

개발되었고, 선로는 단순한 신호 전달 매체를 넘어 통신망의 용량과 효율을 좌우하는 중추적 역할을 맡게 되었다.

나선(裸線), 절연 없는 공중선 – 전화망의 출발점

최초의 전화 회선은 절연 피복이 없는 구리선을 공중에 걸어 연결하는 '나선' 방식이었다. 설치가 간편하고 비용이 저렴했지만, 기상 변화에 매우 취약했다. 비나 눈이 오면 신호 간섭이 심해 통화가 거의 불가능했고, 감전 위험도 있었다. 때로는 다른 통화의 소리가 섞여 들리는 등 통화 품질도 매우 열악했다.

1886년 경성에 처음 설치된 전화망도 이 나선 방식을 사용했다. 당시 전신전화국 직원들은 비가 오면 회선을 말리기 위해 전봇대에 오르는 일이 잦았다고 전해진다. 이러한 한계로 나선은 점차 절연 케이블로 대체되었다.

케이블 통신선 – 절연과 지중화로 안정성 향상

통화 품질 개선과 외부 간섭 최소화를 위해 절연 피복 처리된 전화선, 즉 케이블이 도입되었다. 절연된 다심(多心) 케이블은 여러 회선을 하나로 묶을 수 있어 선로 효율이 크게 향상되었고, 노이즈 억제 효과도 뛰어났다.

특히 도시에서는 케이블을 지중에 매설하는 방식이 확산되며 도로 아래 통신망 구축이 가능해졌고, 전봇대 수를 줄여 도시 미관도 개선되었다. 1970년대 도시화와 함께 본격적인 케이블 지중화가 이루어졌으며, 서울 강남 지역 등이 초기 시범지로 개발되었다.

동축 케이블 – 고주파 전송과 텔레비전의 동반자

동축 케이블(Coaxial Cable)은 중심 도체를 차폐 도체가 감싸는 동심원 구조로 되어 있어 고주파 신호 전송에 적합하다. 외부 간섭이 적고 신호 손실도 작아, 다채널 통신 환경에서 강점을 보였다.

전화망뿐만 아니라 **케이블 텔레비전(CATV)**과 초기 인터넷 서비스에도 활용되며, 정보통신 인프라 확장에 기여했다. 1980년대 후반부터 CATV 보급과 함께 본격적으로 확산되었다.

광통신 케이블(Optical Fiber) – 빛으로 전송하는 초고속 혁신

동축 케이블의 용량 한계를 극복하기 위해 개발된 **광섬유(Optical Fiber)**는 유리나 플라스틱 섬유를 통해 빛 신호를 전달하는 기술이다. 광섬유는 금속선보다 수천 배 높은 전송 용량과 속도를 제공하며, 장거리 전송 시 신호 손실이 적고 외부 간섭에도 강하다.

이러한 장점으로 도시간 장거리 통신망, 해저 케이블, 가정까지 직접 연결하는 FTTH(Fiber To The Home) 방식으로 발전했다. 대한민국은 FTTH를 조기에 전국적으로 도입한 국가 중 하나로, 세계 최고 수준의 초고속 인터넷 보급률을 달성했다.

※ 관련 내용은 제29장 참고

반송통신(Carrier Communication) – 선로 효율을 높인 다중화 기술

선로의 물리적 진화에 더해, 같은 선로에서 더 많은 신호를 동시에 전송하는 기술도 개발되었다. 이를 대표하는 것이 **반송통신(Carrier System)**이다. 하나의 선로에 다수의 통화를 동시에 전송하는 이 방식은 통신 효율을 획기적으로 높였다.

대표적인 다중화 기술로는 **주파수분할다중화(Frequency Division Multiplexing, FDM)**와 **시분할다중화(Time Division Multiplexing, TDM)**가 있다. 이 기술을 통해 하나의 케이블에서 수십-수백 개 채널을 동시에 처리할 수 있게 되었으며, 특히 광케이블과 결합되면서 통신망 용량은 비약적으로 향상되었다. 오늘날 데이터 통신과 음성 통화의 효율적 전달 기반이 되었다.

마이크로웨이브 통신 – 선 없는 고속 장거리 전송망

산악 지형이나 도서 지역처럼 유선 선로 설치가 어려운 곳에서는 **마이크로웨이브(극초단파)**를 이용한 무선 전송망이 대안으로 활용되었다. 송수신소 간 직선거리에서 고주파 신호를 주고받는 방식으로, 전화망뿐만 아니라 텔레비전 방송의 장거리 전송에도 쓰였다.

1960-80년대에는 전국을 연결하는 마이크로웨이브 중계소가 구축되었으며, 일부는 오늘날에도 긴급 통신이나 보조 중계망으로 활용되고 있다. 광케이블과 위성통신의 발달로 사용 비중은 줄었지만, 지리적 제약이 큰 지역에서는 여전히 중요한 통신 수단이다.

맺음말
– 연결의 길을 넓히고 품질을 높인 진화의 여정

전화 통신의 기반인 선로는 단순한 전선 그 이상의 존재였다. 기술

목포 양울산 스캐터안테나

발전과 함께 선로는 더 빠르고 멀리, 더 많은 정보를 전송할 수 있도록 끊임없이 진화했다. 나선에서 시작해 케이블, 동축, 광섬유, 반송통신, 마이크로웨이브 통신에 이르기까지 선로 기술은 통신망 구조와 운영 방식에 큰 변화를 가져왔다.

특히 광케이블과 다중화 기술의 융합은 대한민국이 세계 최고 수준의 초고속 정보통신 사회로 진입하는 데 결정적 역할을 했다. 오늘날 우리가 누리는 안정적이고 빠른 통신 서비스는 이처럼 눈에 보이지 않는 '연결의 길' 위에 구축된 결과이며, 그 길은 지금도 계속 진화하고 있다.

제9장.
단말기의 변천
– 정보통신 기술과 함께 진화한 커뮤니케이션 도구들

오늘날 우리는 스마트폰으로 영상통화를 하고, 음성 명령으로 AI 스피커를 작동시키며, 손안의 기기를 통해 무수한 정보를 주고받는다. 단말기는 더 이상 단순한 기계장치를 넘어 인간과 기계, 기계와 기계 간 소통을 매개하는 정보통신의 핵심 접점이 되었다. 기술의 진보 속에서 단말기는 항상 사용자와 가장 가까운 위치에서 새로운 정보 시대의 문을 여는 열쇠 역할을 해왔다.

이 장에서는 자석식 전화기에서 푸시버튼 전화기, 텔렉스, 팩시밀리, 모뎀, 개인용 컴퓨터, 스마트폰에 이르기까지 단말기의 기술적 진화와 사회적 함의를 살펴본다. 각 시대의 단말기는 당대 기술의 결정체였으며, 인간의 소통 방식과 생활 양식을 바꾼 정보화의 증인이었다.

자석식과 다이얼식 전화기 – 수동에서 자동으로

대한민국 전화 통신의 역사는 1886년 궁내부 자석식 전화기에서 시작된다. 이 전화기는 송수화기와 함께 손잡이를 돌리는 자석 발전기를 갖추고 있어, 사용자가 손잡이를 돌려 전기 신호를 발생시키면 교환원이 이를 감지하여 통화를 연결했다. 전기 음성 통신의 실현을 보여주는 상징적 기기였지만, 교환원의 개입이 필수적이어서 통화 절차가 번거로웠다.

1930년대 이후 도입된 공전식 전화기는 다소 사용 편의성을 높였으나, 전화 자동화의 실질적 시작은 1960년대 다이얼식(회전식) 전화기였다. 숫자 다이얼을 돌리면 해당 숫자에 맞는 전기 펄스를 자동 교환기에 전달하는 방식으로, 전화망 자동화와 통신 대중화에 결정적 기여를 했다. 이는 단말기 기술이 통신 인프라와 긴밀히 연동하며 발전했음을 보여주는 대표 사례다.

푸시버튼 전화기 – 누르는 방식의 진화

1970년대 후반, 입력 방식은 다이얼에서 버튼으로 전환되었다. 푸시버튼 전화기는 숫자 키를 누르면 각기 다른 주파수의 복합음(Dual Tone Multi Frequency, DTMF)을 생성하여 교환기에 신호를 전달했다. 이를 통해 번호 입력이 더 빠르고 정확해졌다.

푸시버튼 전화기는 자동응답시스템(ARS), 전자금융 서비스, 원격 제어 등 다양한 응용 서비스의 기초를 마련했고, 전화기가 단순 통화 장치를 넘어 다기능 정보 단말기로 진화하는 기반을 만들었다. 이는 이후 디지털 통신 단말기 확산을 가속화한 중요한 전환점이었다.

전화기의 발전

인쇄전신기와 텔렉스 – 문자 통신의 여명기

　음성 통신이 확산되던 시기, 기업과 정부 기관에서는 문서 전달과 문자 통신 수요가 꾸준히 증가했다. 1920년대 도입된 인쇄전신기는 키보드 입력을 전기 신호로 변환하고, 수신지에서 자동 인쇄하는 방식으로, 군사·외교·철도 분야에서 중요한 역할을 했다.

　1960년대 등장한 **텔렉스(Telex)**는 고유 번호 체계와 전용 통신망을 갖춘 문자 기반 네트워크였다. 국제 무역, 외교 문서, 금융 기관 간 정보 교환의 핵심 수단으로 활용되었으며, 빠른 전송 속도와 높은 보안성으로 기업 간 통신의 표준이 되었다. 1990년대 이메일과 팩스 기술 등장으로 텔렉스는 점차 퇴장했지만, 음성 중심 통신이 문자 통신으로 확장되는 과정을 상징했다.

팩시밀리 – 문서 전송의 혁신

　1980년대는 팩시밀리(Fax) 전성기였다. 문서나 도면을 전기 신호로 변환해 전화선을 통해 전송하고, 수신지에서 인쇄하는 방식으로 작동했다. 문자뿐 아니라 이미지, 도면, 한글 문서까지 전송 가능해 활용도가 매우 높았다. 공공기관, 기업, 병원, 학교 등에서 빠르고 효율적인 문서 전달 수단으로 자리잡았다.

　팩스는 문자 통신에서 이미지 기반 통신으로의 확장을 의미하며, 단말기가 처리할 수 있는 정보의 종류와 양을 획기적으로 넓힌 사례였다. 2000년대 이후 이메일과 클라우드 기반 문서 시스템이 보편화되면서 사용량은 감소했지만, 통신 단말기 다기능화 흐름을 상징하는 기술로 평가된다.

자동화된 팩시밀리

모뎀과 개인용 컴퓨터 – 디지털 통신의 출발점

1980년대 말 등장한 **모뎀(Modem)**은 컴퓨터 디지털 신호를 아날로그 신호로 변환해 전화선으로 전송하고, 다시 디지털로 복원하는 장치였다. 이는 디지털 통신의 실질적 출발점이었다. 모뎀 보급과 함께 천리안, 하이텔, 나우누리 등 PC통신 서비스가 등장했다. 사용자는 키보드와 모니터를 통해 실시간 정보 검색, 게시판 활동, 전자우편 등 새로운 소통 문화를 경험했다. 단말기는 전화기 중심에서 컴퓨터 중심으로 이동하며, 이후 인터넷 대중화의 기반을 마련했다.

인터넷과 웹브라우저 – 정보의 창이 열린 시대

1994년 KT(한국통신)의 KORNET(KORea Backbone NETwork for Internet Connectivity) 서비스 출시로 상용 인터넷 시대가 열렸다. 컴퓨터는 단순 사무기기가 아니라, 정보 생산과 소비, 통신과 협업이 가능한 통합 플랫폼으로 재정의되었다.

웹브라우저는 인터넷 정보를 시각적으로 제공하는 핵심 소프트웨어 도구로, 넷스케이프, 인터넷 익스플로러 보급은 '정보의 창'을 여는 기술 혁신이었다. 단말기는 물리적 장비뿐 아니라 소프트웨어와 사용자 인터페이스까지 포함하는 개념으로 진화했다.

지능형 단말기와 스마트폰 – 손안의 정보통신 혁명

2000년대 초반 등장한 PDA, 스마트폰, 태블릿PC는 단말기의 새로운 전환점을 마련했다. 일정 관리, 문서 작성, 금융 거래, 멀티미디어 재생까지 가능한 복합기기로서, 단말기는 더 이상 단순한 통신 장치가 아니었다.

특히 2009년 아이폰 국내 출시와 2010년 안드로이드 스마트폰 확산 이후, 스마트폰은 급속히 보급되었고, 앱 생태계는 단말기를 개인화된 정보 허브로 진화시켰다. LTE, 5G 등 고속 통신 기술과 결합한 스마트 단말기는 스마트워치, 스마트TV, AI 스피커 등 다양한 형태로 확장되며, 사용자와 기기의 상호작용 방식도 터치, 음성, 제스처, 생체 인식 등으로 다변화되었다.

최근에는 ChatGPT, Alexa 등 AI 음성 비서, XR 디바이스, 웨어러블 헬스기기, 스마트글래스, IoT 기반 스마트홈 단말기 등으로 단말기 진화가 계속되고 있다.

맺음말 – 통신의 거울, 단말기의 진화

　단말기의 역사는 정보통신 기술의 진화와 궤를 같이하며, 인간 사회 변화상을 담는 거울이다. 자석식 전화기에서 시작된 단말기는 다이얼, 버튼, 키보드, 터치를 거쳐 음성과 인공지능, 몰입형 XR 기술까지 포괄하는 지능형 파트너로 변모했다.

　오늘날 단말기는 사람과 사람, 사람과 사물, 사물과 사물 간 연결을 가능하게 하며, 스마트시티, 자율주행, 원격의료, IoT 등 초연결 사회 실현을 이끄는 핵심 매개체다. 단말기의 진화는 단순한 기술 진보를 넘어, 인간 소통 방식과 삶의 구조를 바꾼 정보통신 혁명이었다.

제10장.
공중전화
- 거리에서 이어진 소통의 통로

누구나 전화를 걸 수 있는 세상을 향해

전화는 처음부터 모두에게 열린 소통 수단이 아니었다. 19세기 말 도입 당시 전화는 고가의 희소 자원으로, 일부 관공서와 기업, 상류층만이 이용할 수 있는 특권적 도구였다. 가정이나 사무실에 전화기를 설치하려면 막대한 비용과 전문 인력이 필요했다.

이 한계를 극복하기 위해 마련된 제도가 바로 공중전화였다. 일정 요금만 내면 누구나 전화를 걸 수 있는 공중전화는 대중에게 열린 소통의 창구이자, 통신 접근성을 획기적으로 높인 사회적 장치였다. 전화의 대중화는 공중전화에서부터 시작되었다고 해도 과언이 아니다.

한국 공중전화의 시작

우리나라에서 공중전화가 처음 등장한 시기는 1902년, 대한제국

인사동 입구에 놓여 있는 공중전화기

시기였다. 경성우편국(현 서울중앙우체국)과 경성역(현 서울역)에 설치된 공중 통화대가 그 시초였다. 이용자는 정해진 요금을 지불하면 전화국 교환원을 통해 상대방과 통화할 수 있었다. 수동식 교환 방식으로 절차는 번거로웠지만, 대중이 유료로 전화를 사용할 수 있게 된 첫 제도로서 중요한 의미를 지닌다.

일제강점기에도 일부 공공기관과 우체국을 중심으로 제한적으로 운영되었고, 해방 이후 6·25전쟁으로 통신망이 크게 파괴되면서 공중전화도 거의 사라졌다. 1950년대 후반, 정부 주도로 통신망 복구가 시작되면서 공중전화 설치도 다시 확대되었다.

도시의 일상이 된 공중전화

1960년대부터 정부는 도청, 시청, 역, 병원, 경찰서, 시외버스터미널 등 시민 통행이 많은 공공시설을 중심으로 공중전화 설치를 늘렸다. 초기에는 철제 또는 목재 부스 안에 다이얼식 전화기를 비치하고, 사용법 안내문을 붙여 시민들의 이용을 유도했다.

1970-80년대는 가정용 전화기 보급률이 낮던 시기로, 시민들에게 공중전화는 가장 가까운 통신 수단이었다. 안부를 전하고 약속을 잡거나, 긴급 연락과 구조 요청을 위해 거리의 전화 부스를 찾았다. 붉은 철제 전화 부스는 도시 풍경의 일부가 되었고, 공중전화는 자연스럽게 일상에 스며들었다.

전화기의 발전과 전화카드의 유행

초기의 공중전화는 다이얼 방식으로, 사용자가 숫자판을 돌리고

동전을 넣어 통화를 시작했다. 통화 중 동전이 떨어지는 '짤랑' 소리는 전화 연결의 신호였다. 1982년 버튼식(푸시버튼) 공중전화가 등장하며 조작이 간편해졌고, 1990년대에는 카드식 공중전화가 본격 보급되었다.

전화카드는 일정 금액이 충전된 선불 카드로, 실시간 잔액 확인이 가능해 통화 시간을 조절할 수 있었다. 자석식, IC칩식 등 다양한 기술이 적용되었고, 일부 공중전화기는 카드형으로 운영되었다. 특히 올림픽, 관광지, 지역축제 등을 기념한 한정판 전화카드는 수집 열풍을 일으키며 하나의 문화 아이템으로 자리 잡았다.

공중전화의 황금기와 쇠퇴

1980-90년대는 공중전화의 황금기였다. 1988년 서울올림픽을 계기로 통신 인프라가 대폭 확충되며 전국 주요 지역에 공중전화가 집중 설치되었다. 1993년에는 공중전화 수가 30만 대를 넘어 공공 통신 수단으로 확고히 자리 잡았다.

그러나 1990년대 후반부터 휴대전화가 급속히 보급되며 이용률이 급감했다. 2000년대 들어 민간 중심 통신 사업으로 재편되고, 유지·보수 비용이 수익을 초과하자 많은 공중전화가 철거되거나 최소 규모로 축소되었다.

재난 시대의 생존 통로 – 재난 대응형 공중전화

공중전화는 대부분 사라졌지만 완전히 자취를 감춘 것은 아니다. 일부는 재난 대응형 공중전화로 전환되어 여전히 중요한 통신 수단으로 기능한다. 태양광 발전, 위성 통신, 무정전 전원장치(UPS), 무료 비상 통화 기능 등을 갖춘 이 전화기는 공공안전망의 보조 수단으로 정부가 관리한다.

2020년대에도 공중전화는 재난 시 안전망이자, 장애인·노약자 등 통신 소외 계층을 위한 필수 수단으로 제한적 역할을 이어가고 있다.

추억을 담은 공간, 공중전화

공중전화는 단순한 기계가 아니었다. 한 시대의 감정과 추억이 응축된 공간이었다. 군 입대 전 마지막 통화, 수능 결과 확인을 위해 길게 줄 선 학생, 급히 동전을 꺼내 구조를 요청한 시민. 이 모두가 공중전화 속에 담긴 우리 시대의 삶이었다. 영화, 드라마, 문학작품 속에서도 공중전화는 자주 등장했다. 비 오는 날의 이별, 새벽 고백, 침묵 끝 화해 통화 등, 전화 부스는 감정의 무대이자 기억의 상징이었다.

이산가족을 이어준 공중전화 – 1983년 여름

1983년 여름, KBS 특별 생방송 「이산가족을 찾습니다」가 여의도 공개홀에서 시작되며, 전쟁과 분단으로 흩어진 가족들이 서로를 찾기 위해 몰려들었다. 한국전기통신공사는 이동식 공중전화 차량을 배치해, 봉고차 안 여러 대 전화기로 시민들의 통화를 지원했다.

"어머니, 저예요. 동생을 찾았어요." 수화기를 통해 전해진 이 한마디는 수많은 시청자의 가슴을 울렸다. 그날의 공중전화는 단절된 삶을 이어주는 생명의 끈이자, 사회적·인간적 가치를 보여준 상징적 장면으로 남아 있다.

이산가족찾기 통신지원

맺음말

　오늘날 대부분 사람들은 손안의 스마트폰으로 언제 어디서나 통화할 수 있다. 그러나 모두에게 전화가 허락되지 않았던 시절, 공중전화는 가장 평등하고 즉각적인 소통 수단이었다. 공중전화의 역사는 단순한 기술 변화가 아닌, 사람과 사람을 잇는 이야기의 역사였다. 전화부스 안에서 흘린 눈물과 웃음, 두근거림과 안도는 지금도 많은 사람들의 기억 속에 살아 숨 쉰다.

제11장.
국제전신전화
– 세계와 연결되다

대한민국의 국제 전신전화 역사는 단순한 기술 진보를 넘어, 통신 주권 회복과 국가 자립을 상징하는 여정이었다. 해방 직후 일본의 중계망에 의존하던 시기를 지나 자국 내 위성 지구국 개설과 독자 통신위성 발사에 이르기까지, 이 변화는 한국이 정보화 국가로 성장해 가는 과정을 보여준다. 국제통신 체계의 발전은 곧 대한민국이 국제사회에서 독자적인 목소리를 내기 위한 기반이었으며, 정보주권 실현의 핵심이었다.

일본 의존의 국제통신 구조

1945년 해방 직후, 한국은 독자적인 국제통신 인프라를 갖추지 못했다. 일제강점기 동안 구축된 통신망은 일본 중심으로 설계되었으며, 서울과 부산을 거쳐 일본을 통해 미국, 유럽과 연결되는 구조였다. 광복 이후에도 이 체계는 그대로 유지되어, 일정 기간 동안 한국

금산 위성통신 제2지구국 안테나

의 국제통신은 일본 시설을 경유할 수밖에 없었고, 이는 통신 주권의 제약으로 이어졌다.

당시 국제 전신과 전화는 외교기관, 정부 부처, 일부 대기업 등 제한된 사용자만 접근할 수 있는 고급 통신 수단이었다. 회선 수는 극히 적고 요금은 비쌌으며, 연결 지연도 잦았다. 1950년대까지도 국제전화를 신청한 뒤 수시간을 기다리거나 다음 날로 통화가 연기되는 일이 흔했다. 한국은 명실상부한 '국제통신 후진국'이었다.

무선통신과 해저 케이블의 병행

6·25전쟁 이후 국제통신의 필요성은 급증했지만, 인프라는 여전히 열악했다. 1950년대 중반부터 미국 등 우방국의 협력으로 단파(DX) 무선통신을 활용한 국제 전신 송수신이 제한적으로 가능해졌다. 주한 미군과 미국 대사관이 보유한 장비와 회선을 활용해 서울-도쿄-워싱턴 간 긴급 통신이 이루어졌고, 군사 및 외교 분야 중심으로 국제통신이 확대되기 시작했다.

그러나 단파통신은 태양 흑점, 계절, 시간대에 따라 품질이 크게 좌우되는 불안정한 방식이었다. 이를 극복하고자 해저 동축 케이블 구축이 추진되었으며, 1964년 부산-후쿠오카 간 한국 최초의 해저 동축 케이블 '한일 해저케이블'이 개통되었다. 전화 138회선, 전신 22회선을 수용한 이 케이블은 통화 품질과 안정성을 획기적으로 향상시켰지만, 여전히 일본을 경유해야 하는 '간접 연결' 구조를 벗어나지는 못했다.

금산 위성통신 지구국 개통

SCETTA 회선 개통과 반자동 국제전화

국제통신의 효율성을 높이기 위해 1968년, 한국은 SCETTA (Semi-Automatic Trans-Pacific Telephone Arrangement) 회선에 참여하였다. 울산 무룡산 중계소와 일본 하마다 중계소를 연결해 태평양 횡단 케이블망에 접속하도록 구성되었으며, 반자동 교환방식을 통해 연결 시간을 수십 분에서 수 분으로 단축시켰다. 통화 품질도 크게 개선되었다.

SCETTA 회선 도입으로 미국, 일본, 독일 등 주요 20개국과의 직접 통화가 가능해졌다. 이민, 유학, 무역 증가와 맞물려 국제통신 수요는 급격히 늘었지만, 여전히 일본 경유 구조는 기술적·정책적 독립의 한계를 보여주었다.

금산 위성통신지구국 – 자주 국제통신의 기점

간접적 구조를 탈피하고 자주 국제통신 체계를 구축하기 위해, 정부는 1969년부터 국가적 프로젝트를 추진하였다. 그 결실로 1970년 6월 2일 충남 금산군 제원면에 '금산 위성통신지구국'이 개국하였다. 30미터급 패러볼라 안테나 2기를 갖춘 이 시설은 인텔샛 IV 위성망에 직접 접속하여, 한국에서 처음으로 위성을 통한 국제전화, 전신 통신, 국제방송 송수신이 가능했다.

금산지구국 개국은 단순한 기술 도입을 넘어 통신 주권 확보를 의미하는 역사적 사건이었다. 일본을 경유하지 않고 미국, 유럽, 동남아와 직접 연결되면서, 외교·경제·군사 등 모든 분야에서 자율성과 효율성을 크게 높였다. 이후 외무부, 해외공관, 언론사, 무역기관, 대기업 등이 안정적인 국제 커뮤니케이션 체계를 구축할 수 있게 되었다.

무궁화위성 – 독자 위성통신 시대의 개막

1995년 8월, 한국은 금산지구국 시대를 넘어 독자 통신위성을 보유한 '위성 자립국'으로 도약하였다. 케이프커내버럴에서 발사된 무궁화위성 1호는 한국 최초의 통신위성이자, 세계에서 22번째로 자체 위성을 보유한 국가임을 알렸다. 무궁화 1호는 전국과 도서·산간 지역, 해외공관, 해양지역까지 안정적 통신 서비스를 제공했으며, 방

무궁화위성 발사 장면

송 신호 중계, 재난통신, 군사·공공안전망 뿐만 아니라, 디지털 방송의 기반을 제공하며, 이동형 위성 수신 장비를 활용한 다양한 서비스의 가능성도 열었다. 체신부, KT(한국통신), 한국항공우주연구소의 협력으로 이루어진 이 사업은 위성기술 자립의 출발점이었다.

이후 1996년 무궁화 2호, 1999년 무궁화 3호가 연이어 발사되며, 한국은 다중 위성 보유국으로 자리잡았다. 위성 DMB, 위성 인터넷, 지상파 방송의 전국 동시 송출 등 차세대 융합서비스의 기술 토대를 마련했다.

국제통신 인프라의 비약적 확장

　금산지구국 개국과 무궁화위성 발사 이후, 한국의 국제통신 인프라는 급속히 확장되었다. 1980년대 말부터 태평양(PAC), 인도양(SEA-ME-WE), 동남아-일본-한국(SJC)을 잇는 해저 광케이블이 본격 구축되었고, 전송 속도와 회선 수가 크게 늘었다.

　1990년대 들어 인터넷 기반 데이터 통신 수요가 폭증하면서 기업 전용회선, 위성망, 해저망이 복합적으로 운영되기 시작했다. KT(한국통신)는 글로벌 위성사업에 참여하며 국제 통신사업자로 성장했고, 민간 기업들도 국제망 시장에 적극 진출했다. 2000년대에는 FLAG, APCN, Unity, ASE 등 초고속 해저인터넷망과 위성 백업망이 구축되며, 한국은 동북아 통신 허브이자 ICT(정보통신기술) 강국으로 자리매김했다.

국제통신, 독립에서 선도국으로

　해방 직후 일본 중계망에 의존하던 한국은 반세기 만에 독자 위성망과 해저 광케이블망을 구축한 정보통신 선도국으로 변모했다. 금산 위성지구국 개국과 무궁화위성 발사는 통신 주권 회복의 전환점이자, 대한민국이 글로벌 정보사회로 도약한 출발점이었다.

　오늘날 한국은 더 이상 '**연결된 나라**'에 머물지 않고, '**세계를 연결하는 나라**'로 발전했다. 이는 단순한 기술 진보를 넘어, 세계와 나란히 호흡하며 세계를 향해 목소리를 내는 정보 강국으로서의 존재감을 증명한 여정이었다.

앞으로 국제통신의 무대는 우주를 향하고 있다. 저궤도 위성망과 6G 기반 우주 인터넷 시대에 한국은 또 한 번의 도약을 준비 중이다. 과거 금산지구국과 무궁화위성이 그랬듯, 미래의 한국형 위성망은 세계 통신 역사의 새로운 이정표가 될 것이다.

"

디지털 이동통신의 도입은
단순한 기술 진보를 넘어,
대한민국 정보통신 산업이 자립을 이루고
세계 시장을 선도하는 전환점이 되었다.

제3편
유선전화에서 무선통신으로

제12장.
아날로그 이동전화의 등장과 대중화
- 손에 쥐는 자유의 시작

손에 들고 다니는 전화기의 탄생

1980년대 후반, 사람들은 '이동 중에도 직접 통화하고 싶다'는 새로운 기대를 품기 시작했다. 그리고 1988년, 서울올림픽이 한창이던 해, 한국은 아날로그 셀룰러 방식의 휴대전화 서비스를 시작하며 본격적인 이동통신 시대의 문을 열었다.

그전까지 이동통신은 주로 자동차에 장착하는 방식뿐이었다. '이동 중 통화'라기보다는 '이동 가능한 장소에서의 통신'에 가까웠다. 하지만 아날로그 휴대전화는 실제로 손에 들고 다닐 수 있었고, 사용자에게 언제 어디서나 통화할 수 있는 자유를 제공했다. 당시로서는 혁명적인 변화였다.

초기에는 '휴대전화'보다는 '셀룰러폰', '핸드폰'이라는 용어가 더 많이 쓰였다. 거리를 활보하며 전화기를 손에 든 사람들의 모습은 하나의 문화적 충격이었으며, 신기함과 경외의 시선을 동시에 받았다. 자동차 안에서만 통화하던 시대를 지나, 길거리에서 자유롭게 대화하는 모습은 기술이 일상 속으로 들어왔음을 상징적으로 보여주었다.

셀룰러(Cellular) 방식과 그 의미

한국에 도입된 아날로그 이동전화는 미국 AMPS(Advanced Mobile Phone System) 방식을 기반으로 했다. 이 기술은 전체 서비스를 소규모 지역 단위인 '셀(Cell)'로 나누고, 각 셀에 기지국(Base Station)을 설치해 통화를 중계하는 구조였다.

가장 큰 장점은 주파수 재사용이 가능하다는 점이다. 서로 떨어진 셀에서는 동일한 주파수를 반복 사용해 한정된 주파수 자원을 효율적으로 활용할 수 있었다. 덕분에 동시에 더 많은 사용자가 통화할 수 있었고, 인구 밀집 지역에서 그 효과는 더욱 뚜렷했다.

예를 들어, 서울 강남구와 도봉구의 셀은 동일한 주파수를 사용하더라도 간섭 없이 설계되었다. 이러한 셀 구조는 이후 2G, 3G, 4G를 거쳐 5G까지 이어지는 무선통신 기술의 기본 원리가 되었으며, 이동통신 발전의 토대를 마련했다.

초기 단말기와 요금, 그리고 사용자

1988년, 한국이동통신(현 SK텔레콤의 전신)은 서울과 수도권을 중심으로 아날로그 휴대전화 서비스를 시작했다. 그러나 기술적 제약과 높은 요금은 초기 보급의 큰 장벽이었다. 이로 인해 휴대전화는 기업 CEO, 연예인, 고위 공직자 등 일부 특권층의 전유물이었다. 거리에서 핸드폰으로 통화하는 모습은 곧 성공과 부(富)의 상징으로 여겨졌다. 당시 단말기는 800g이 넘는 '벽돌' 수준이었지만, 사용자들은 무게보다도 '기술의 선도자'라는 자부심을 더 크게 느꼈다. 대표적인 단말기는 모토로라 '다이나택(DynaTAC)' 시리즈였다.

> **단말기 가격**: 약 400-500만 원
> **월 기본요금**: 약 5-7만 원
> **통화료**: 분당 200-300원

대중화의 서막 – 1990년대의 확산

1990년대에 접어들며 이동통신 시장은 급속히 변화했다. 이러한 변화로 이동전화 가입자 수는 빠르게 늘어 1995년에는 200만 명을 돌파했다. 거리, 지하철, 식당 어디서든 휴대전화로 통화하는 모습은 이제 일상 풍경이 되었고, 휴대전화는 누구나 갖는 생활필수품으로 자리 잡았다.

> **1991년**: 한국이동통신 민영화 → 민간 자본 유입, 경쟁 환경 조성
> **1993년**: 사업자 식별번호(011, 016 등) 도입 → 번호 용량 확대
> 단말기 소형화·경량화 → 사용자 편의성 증대
> 요금 인하 정책 → 중산층 유입 촉진

통신 환경과 생활문화의 변화

아날로그 휴대전화는 단순한 기술 진보를 넘어 사회의 의사소통

방식과 생활문화를 근본적으로 바꾸었다. 언론은 이를 이렇게 표현했다. "휴대전화는 이제 부의 상징이 아니라, 생존을 위한 필수 도구가 되어가고 있다." 1990년대 중반, 한 중소기업 대표는 회의 중에도 고객 요청에 실시간 대응하며 "휴대전화 없이는 하루도 일할 수 없는 시대"라고 말한 바 있다.

연락의 긴박성 변화: "나중에 전화할게요" → "지금 통화할게요"
시간과 공간의 해방: 사무실이나 집에 구속되지 않고 이동 중 통화 가능
산업구조 변화: 금융, 언론, 택배, 영업 등 즉각적인 응답 기반 업무 확산

디지털로의 이행 전 마지막 단계

1990년대 중반까지 시장의 주류였던 아날로그 이동전화는 점차 기술적 한계를 드러냈다. 이에 1996년부터 디지털 방식(PDC, CDMA 등)으로의 전환이 본격화되었다. 디지털 기술은 음질, 보안, 주파수 효율성 등 모든 면에서 아날로그를 능가했으며, 이후 이동통신의 표준으로 자리 잡았다. 한국은 세계 최초로 CDMA 상용화에 성공하며 2세대 이동통신 시대를 열었다. KTF(한국통신프리텔), 신세기통신, SK텔레콤 등이 경쟁적으로 디지털망을 확장하며 무선통신 시대를 선도했다.

비록 아날로그 휴대전화는 시장에서 물러났지만, 그것은 분명히 이동통신 시대의 출발점이었다. 그리고 무엇보다, 사람들에게는 '**손에 쥔 자유**'라는 새로운 경험을 안겨주었다.

보안 취약: 도청 가능성
통화 품질 저하: 음성 왜곡과 잡음
주파수 자원의 한계: 가입자 증가에 따른 품질 저하

제13장.
데이터통신과 인터넷
– 디지털 혁신의 시작

데이터통신의 출발 – 비음성 정보의 전송

　데이터통신은 음성 통화가 아닌 문자, 숫자, 코드 등 비음성 정보를 전송하는 기술로 시작되었다. 이는 전화 중심의 통신 체계에서 컴퓨터 기반의 정보처리 체계로 나아가는 중요한 전환점이었다.

　국내에서는 1970년대 초, 한국전자기술연구소(KIET)와 한국전기통신공사(KTA)가 데이터 전송 전용선을 실험하며 컴퓨터 간 통신 환경 조성을 시도했다. 초기에는 텔레타이프(TTY) 단말기를 이용해 300bps 수준의 저속 모뎀으로 데이터를 송수신했으며, 당시 통신 인프라는 매우 제한적이었다.

　이러한 시도는 기업의 전산 업무와 연구기관 간 자료 교환을 위한 초기 데이터통신 기술로, 이후 본격적인 전산망 서비스와 PC통신 시대의 토대를 마련했다.

전산망 시대의 개막 – KETEL과 PC통신

1980년대에 접어들면서 데이터통신은 보다 실용적인 영역으로 확대되었다. 1982년, 한국전기통신공사는 기업 간 전자문서 송수신과 데이터 공유를 지원하기 위해 **KETEL(한국전자통신망)**을 구축했다. KETEL은 주로 업무용 전산망으로 활용되었지만, 점차 일반 사용자에게도 개방되어 개인용 정보서비스의 기반이 되었다.

민간 부문에서는 본격적인 PC통신 시대가 열렸다. 1984년 데이콤의 '천리안'을 시작으로, 1985년 삼성SDS의 '유니텔', 1986년 현대정보기술의 '하이텔', 1990년 '나우누리' 등이 연이어 등장했다. 이들 서비스는 전화선을 통해 모뎀으로 접속하며, 문자 기반의 게시판(BBS), 채팅, 전자우편(E-mail) 등을 제공했다.

개인 사용자들은 이를 통해 온라인 커뮤니티에 참여하고 정보를 주고받았다. 동호회 중심의 게시판, 필명 사용, 정모(오프라인 모임) 문화 등은 이후 블로그, 카페, SNS로 이어지는 디지털 소통의 원형이 되었다. 1990년대 초반, 각 서비스는 수십만 명의 가입자를 확보하며 본격적인 대중화의 길로 접어들었다.

인터넷의 도입 – 열린 연결망으로의 전환

1990년대 중반, 인터넷의 도입은 데이터통신의 패러다임을 근본적으로 바꾸었다. 국내 최초 인터넷 연결은 1982년 서울대학교와 미국 UC버클리 간 TCP/IP 기반 시험 접속에서 시작되었다. 이후 학술·연구기관 중심으로 제한적 사용이 이어졌다.

1994년, 한국 고유의 국가 도메인 체계 '.kr'이 도입되었고, 서울대와 KT(한국통신)가 공동으로 상업적 인터넷 접속을 시험했다. 1995년에는 일반인을 위한 인터넷 접속이 개방되면서 본격적인 '**인터넷 대중화 시대**'가 시작되었다.

같은 해 '한메일넷'(후일 '다음')이 등장했고, 1997년에는 '네이버', '야후코리아', '드림위즈' 등 다양한 포털사이트가 출범했다. 검색, 뉴스, 커뮤니티, 이메일 서비스가 통합된 이들 포털은 대중을 인터넷 세계로 끌어들이며 한국 사회의 정보 접근 방식과 커뮤니케이션 구조를 근본적으로 변화시켰다.

초고속인터넷의 확산 – 브로드밴드 시대의 개막

1998년, 정부는 '**초고속 정보통신망 구축 계획**'을 수립하고 민간 통신사업자의 참여를 유도했다. KT를 중심으로 하나로통신, 두루넷, 한국데이콤(DACOM) 등 다양한 사업자가 경쟁에 참여하며 ADSL 등 xDSL 기반 브로드밴드 인터넷이 빠르게 확산되었다.

이는 통신요금 인하와 속도 향상이라는 두 가지 목표를 동시에 달성하게 했고, 2000년대 초 대한민국은 세계 최고 수준의 인터넷 속도와 보급률을 자랑하는 국가로 자리매김했다. 초고속인터넷은 전자정부, 온라인 교육, 전자상거래, 디지털행정 등 국가 전반의 정보화를 견인하며 디지털 혁신의 핵심 인프라 역할을 수행했다.

인터넷이 바꾼 사회 – 연결과 혁신의 일상화

데이터통신은 단순한 기술 발전을 넘어 일상의 소통 방식과 경제 활동을 변화시켰다. 이메일, 블로그, 카페, 웹툰, 인터넷 쇼핑, 온라인 게임 등은 새로운 디지털 문화 코드를 형성했고, 기업은 ERP, 그룹웨어, 전자결재 등으로 업무 프로세스를 정보화했다. 교육 현장에서는 디지털 콘텐츠와 온라인 학습 도구가 확산되었으며, 행정 시스템 역시 전자민원과 공공 포털을 통해 국민과 직접 소통할 수 있게 되었다.

2000년대 중반 이후, 인터넷 환경은 이동통신 기술과 결합하며 스마트폰 기반의 모바일 인터넷 시대로 전환되었다. 이는 다음 장에서 다룰 '**무선인터넷과 모바일 혁신**'으로 이어진다.

정리 요약

데이터통신은 음성 중심 통신에서 컴퓨터 기반 비음성 정보 전송으로의 전환을 의미한다. 1980-90년대 PC통신은 한국형 온라인 커뮤니티와 정보 공유 문화를 형성했다. 1990년대 중반 이후 인터넷 상용화는 정보 소비 방식과 커뮤니케이션 구조를 근본적으로 변화시켰다. 초고속인터넷의 전국 확산은 대한민국을 세계 최고 수준의 디지털 강국으로 도약시키는 기반이 되었다. 데이터통신은 이후 무선인터넷과 스마트폰 기반 사회로 전환되는 필수 인프라 역할을 수행했다.

제14장.
디지털 이동통신
- 2G 시대의 도래와 국민 통신의 대중화

아날로그에서 디지털로
- 이동통신 패러다임의 전환

1990년대 초, 이동통신 서비스가 본격적으로 대중화되면서 아날로그 방식의 한계가 뚜렷해졌다. 가입자 수 증가와 함께 통화 품질 저하, 주파수 부족, 보안 취약 문제가 심화되면서 근본적인 기술 전환이 절실해졌다. 아날로그 이동통신은 주파수 자원을 비효율적으로 사용해 수용 가능한 통화량이 제한적이었고, 도청 가능성도 높아 보안상 문제점이 많았다. 이러한 한계를 극복할 대안으로 디지털 이동통신 기술이 부상했다.

디지털 방식은 음성 신호를 0과 1의 이진 신호로 변환해 압축·전송함으로써, 동일한 주파수 자원에서 더 많은 통화를 동시에 처리할 수 있었다. 통화 내용 암호화가 가능해져 보안성이 크게 향상되었고, 문자메시지 등 다양한 부가서비스 구현도 용이해졌다. 1991년 유럽에서는 GSM(Global System for Mobile Communications) 방식이 상용화되며 디지털 이동통신 시대의 서막을 열었다. 독일, 프랑스, 영국 등 주요 유럽 국가를 중심으로 GSM은 빠르게 확산하며 국제 표준으로 자리잡았다. 우리나라도 이 시점부터 디지털 이동통신 도입을 향한 본격 행보를 시작했다.

세계 최초 CDMA 상용화 – 대한민국의 선택

대한민국은 디지털 이동통신 표준으로 GSM이 아닌 미국 퀄컴(Qualcomm)의 CDMA(Code Division Multiple Access, 부호분할다중접속) 방식을 선택했다. 당시 세계 이동통신 업계는 대부분 GSM에 집중하고 있었기에, CDMA 도입은 이례적이면서 전략적인 결정이었다.

CDMA는 각 사용자에게 고유 부호를 부여해 같은 주파수에서 다수의 통화를 가능케 하는 방식으로, 주파수 효율성과 보안성에서 뛰어난 성능을 보였다. 이를 위해 고도화된 네트워크 설계가 필요했고, 국내 기술 자립을 위한 도전으로 이어졌다.

1996년 1월 1일, KTF(한국통신프리텔)는 수도권을 중심으로 세계 최초 CDMA 상용 서비스를 개시했다. 단순한 외국 기술 도입이 아니라, 국내 연구진이 시험망 구축부터 상용망 설치, 장비 국산화까지 직접 달성한 종합적 성과였다. 한국전자통신연구소(ERTI)는 핵심 칩셋과 시스템 기술을 개발했고, 삼성전자, LG정보통신, 현대전자 등은 단말기와 기지국 장비 국산화를 이끌었다. 상용 장비 국산화율은 70%를 넘어섰으며, 국내 정보통신 기술의 위상을 높이는 전환점이 되었다.

이어 1996년 4월 신세기통신이 부산·대구 등 영남권에서, 7월 LG텔레콤이 호남·충청 지역에서 각각 서비스를 시작하며 전국적인 CDMA 상용망이 완성되었다. 이로써 기존 아날로그 중심의 이동통신 시장은 단 몇 년 만에 디지털 중심으로 급속히 재편되었다.

치열한 경쟁, 급속한 보급 – 이동전화의 대중화

디지털 이동통신 상용화는 곧 휴대전화의 대중화로 이어졌다. 1995년 약 300만 명이던 가입자 수는 2000년경 2,800만 명을 넘어 10배 가까이 증가했다. 휴대전화는 이제 일부 계층의 전유물이 아니라, 국민 모두가 일상에서 사용하는 필수 기기가 되었다.

단말기는 소형화되고 배터리 수명도 향상되었으며, 통화 품질은 아날로그 시절보다 월등히 개선되었다. 이동통신사 간 경쟁이 치열해지면서 보조금 정책과 다양한 요금제가 도입되었다. 시간대별 요금제, 학생·가족 할인, 무료 통화가 포함된 정액 요금제 등이 등장하며 이용자의 선택 폭이 넓어졌다.

이 시기부터 음성 통화 외에도 문자메시지(SMS), 발신자표시(CID), 부재중 알림, 통화연결음 등 부가서비스가 일상화되었다. 특히 문자메시지는 젊은 세대를 중심으로 폭발적인 인기를 끌며, 줄임말, 초성어, 이모티콘 등 새로운 언어 문화를 만들어냈다.

이동통신 기지국

반면, 1990년대 국민적 소통 수단이던 무선호출기('삐삐')는 급속히 퇴장했다. '삐삐'로 연락을 남기고 공중전화를 이용하던 방식은 과거의 유물이 되었고, 휴대전화가 실시간 커뮤니케이션의 중심으로 자리 잡았다.

인프라의 진화 – 기지국과 전송망의 혁신

CDMA 도입은 통신 인프라 측면에서도 대규모 혁신과 투자를 필요로 했다. 아날로그가 비교적 단순한 네트워크와 넓은 셀 반경을 가졌다면, CDMA는 고밀도 셀 구조와 정밀한 시간 동기화가 필요했다. 이에 따라 전국에 수만 개의 기지국이 구축되고, GPS 기반 동기 장치, 고속 전송망, 교환기 시스템이 함께 정비되었다.

CDMA 초기 표준인 IS-95A는 음성 중심이었으나, 1999년 무렵 데이터 기능이 강화된 IS-95B가 도입되면서 무선 데이터 통신이 가능해졌다. '핸드폰 인터넷'이라는 새로운 개념이 등장하며, 3세대(3G) 디지털 데이터 통신의 시작점이 마련되었다.

세계가 주목한 한국 모델

CDMA 상용화는 기술 성공을 넘어, 세계 이동통신 산업에 강력한 인상을 남겼다. 대한민국은 기술 수입국에서 기술 선도국으로 전환에 성공했고, 퀄컴과의 협력을 통해 일부 핵심 특허권도 확보했다. 한국형 CDMA 모델은 중국, 인도, 베트남, 필리핀, 브라질 등 여러 국가로 수출되며 세계적인 성공 사례로 떠올랐다.

특히 중국에 대한 CDMA 기술 수출은 국가 간 기술 협력의 대표적 성공 모델로 평가받았다. 삼성전자, LG전자 등 국내 제조사들은 CDMA를 발판으로 세계 휴대폰 시장에 본격 진출하며 경쟁력을 확보했다. CDMA는 '한국형 이동통신 모델'로 자리매김하며 국가 브랜드 이미지 제고에도 기여했다.

일상에 들어온 디지털 – 생활과 사회의 변화

디지털 이동통신은 국민 생활을 근본적으로 바꾸었다. 거리, 직장, 가정, 대중교통 어디서든 휴대전화 사용이 일상이 되었고, 통신은 '언제 어디서나 가능한 것'으로 인식되었다. 호출 기반 커뮤니케이션에서 벗어나 음성과 문자로 즉각적인 소통이 가능해지며, 개인과 사회의 관계, 시간 개념, 정보 소비 방식도 달라졌다.

산업 구조에도 큰 영향을 미쳤다. 단말기 유통망, 콘텐츠 산업, 부가서비스 제공업 등이 새롭게 성장했고, 정부는 이동통신 산업을 전략 산업으로 육성했다. 이 시기에 축적된 기술력과 산업 역량은 3G, 4G, 스마트폰 시대로 이어지는 기반이 되었으며, 대한민국은 세계적인 모바일 강국으로 자리잡을 수 있었다.

맺음말

디지털 이동통신 도입은 단순한 기술 진보를 넘어, 대한민국 정보통신 산업이 자립하고 세계 시장을 선도하는 전환점이 되었다. 세계 최초 CDMA 상용화는 국가적 도전의 결실이자, 국내 기술 역량과 산업 생태계를 한 단계 도약시킨 상징적 사건이었다.

2세대 이동통신의 도입은 3세대, 4세대, 그리고 스마트폰 시대로 이어지는 여정의 첫걸음이며, 대한민국을 '모바일 코리아'로 이끈 결정적 분기점으로 기록된다.

제15장.
3G와 스마트폰
-데이터 중심 사회로의 도약

 2000년대 초, 이동통신은 또 한 번의 기술적 도약을 앞두고 있었다. 2세대 디지털 이동통신(CDMA, GSM)이 전국망으로 자리 잡으면서 음성 통화와 문자 메시지는 일상화되었지만, 사람들은 그 이상을 원하기 시작했다. 사진과 영상을 주고받고, 휴대폰으로 인터넷을 사용하는 시대가 다가오고 있었다. 이동통신은 이제 '말하는 도구'가 아니라 '정보에 접속하는 기기'로 변화하고 있었다. 이러한 수요에 부응해 등장한 것이 바로 3세대(3G) 이동통신이다.

3세대 이동통신의 상용화

 국제전기통신연합(ITU)은 3세대 이동통신 기술을 'IMT-2000'으로 명명하고, 데이터 중심의 고속 통신을 핵심 목표로 설정했다. 우리나라는 1990년대 후반부터 3G 주파수 확보와 기술 도입을 준비했으며, 2002년 한일 월드컵을 앞두고 SK텔레콤과 **KTF(한국통신프리텔)**

가 각각 WCDMA와 CDMA2000 1x EV-DO 방식으로 상용 서비스를 시작했다. 초기에는 전용 단말기 부족과 제한된 서비스로 대중의 반응은 미온적이었지만, 이는 이동통신이 데이터 중심 통신으로 전환되는 신호탄이 되었다.

> **WCDMA**: 유럽 GSM 진영에서 발전, 국제 로밍에 유리
> **EV-DO**: 기존 CDMA 인프라 활용, 빠른 데이터 전송 제공

영상통화와 데이터 서비스

3G 초기의 대표 서비스는 영상통화였다. 휴대폰 전면 카메라를 이용한 실시간 영상 통화는 당시로서는 획기적인 기능이었지만, 고가 요금(1분당 수백 원 수준), 불안정한 통화 품질, 사용 환경의 제약으로 인해 대중화에는 실패했다.

반면, 데이터 통신은 점차 이용자들의 주목을 받았다. EV-DO 방식은 초당 수백 kbps에서 최대 2.4Mbps의 속도를 제공하며, 휴대폰으로 뉴스 확인, 이메일 송수신, 모바일 뱅킹, 날씨 조회 등이 가능했다. 통신사 포털인 네이트(Nate), 매직엔(MagicN), EZ-i를 통해 게임, 벨소리, 배경화면 등 다양한 콘텐츠를 다운로드할 수 있었고, "휴대폰으로 웹 서핑이 가능한 시대"가 서서히 열리기 시작했다.

스마트폰의 등장

2007년, 애플이 선보인 **아이폰(iPhone)**은 전 세계 이동통신 시장에 충격을 안겼다. 기존 피처폰 중심 시장에 화면 중심, 손가락 터치 조작, 앱 생태계라는 새로운 개념을 도입하며, 단순한 전화기를 넘어

'손안의 컴퓨터'로 인식되었다. 그러나 국내에서는 전파인증 제도와 WIPI(국산 플랫폼 탑재 의무화) 등의 규제로 아이폰 도입이 지연되었다. 사용자들은 해외 뉴스와 커뮤니티를 통해 스마트폰을 간접적으로 접할 수밖에 없었다.

2009년 말, KT(한국통신)가 아이폰 3GS를 도입하면서 국내 스마트폰 시대가 본격적으로 열렸다. 인터넷 접속, 이메일, 음악 감상, 유튜브 시청, 사진 촬영과 편집, GPS 내비게이션 등 다양한 기능이 손안에서 구현되었다.

국내 제조사들도 즉각 대응했다. 삼성전자는 2010년 '갤럭시 S' 출시하며 안드로이드 진영 선두에 서게 된다. 이와 비슷하게 LG전자는 '옵티머스' 시리즈를 출시한다. 삼성전자와 LG전자가 선택한 안드로이드 운영체제는 구글 주도의 개방형 생태계를 기반으로, 제조사와 앱 개발자가 참여하는 거대한 플랫폼으로 성장했다.

데이터 중심으로의 전환

데이터 정액 요금제 도입: 사용자들이 앱을 자유롭게 이용, 영상 콘텐츠 스트리밍, 클라우드 서비스 접속 가능
통신사 자체 앱 마켓: SK텔레콤 'T스토어', KT '올레마켓', LG유플러스 'U+스토어'

스마트폰 보급은 통신사업자의 전략에도 근본적인 변화를 요구했다. 음성 통화와 문자 중심의 기존 수익모델은 더는 지속 불가능했기에 통신사들은 데이터 중심 요금제와 콘텐츠 기반 수익모델로 전환했

다. 콘텐츠 유통과 부가서비스 확산을 통해 통신사는 단순 망 제공자를 넘어 콘텐츠 유통자이자 서비스 기획자로서 정체성을 강화했다.

스마트폰이 바꾼 사회

스마트폰은 통화와 메시지를 넘어, 생활 플랫폼으로 자리 잡았다. 뉴스 소비, SNS 활동, 사진·동영상 촬영, 길찾기, 모바일 결제, 건강관리, 원격근무 등 생활 전반이 스마트폰 중심으로 이루어졌다. 특히 소셜미디어(페이스북, 트위터, 인스타그램)의 확산은 정보 공유 방식과 속도를 근본적으로 바꾸었다. 언제 어디서나 누구나 콘텐츠를 생산하고 유통할 수 있게 되었다.

산업 전반에도 큰 변화가 나타났다. 많은 기업들이 '**모바일 퍼스트 전략**'을 핵심 경영전략으로 삼았고, 한국은 빠른 통신망 구축과 국민의 높은 기술 수용성 덕분에 세계적인 모바일 강국으로 부상했다. 2010년대 초반, 세계 최고 수준의 스마트폰 보급률과 데이터 사용량은 이후 4G LTE와 5G로의 진화를 위한 기반이 되었다.

제16장.
4G LTE와 초연결 사회

스마트폰과 데이터 중심 사회의 도래

　2000년대 후반, 스마트폰이 본격적으로 대중화되면서 통신 환경은 급격히 변화하기 시작했다. 기존 3세대(3G) 이동통신망은 음성과 문자 중심 서비스에 최적화되어 있었지만, 모바일 애플리케이션, 동영상 스트리밍, 실시간 SNS 사용 등 데이터 이용량이 폭발적으로 증가하면서 기술적 한계가 뚜렷해졌다. 이에 따라 더욱 빠르고 안정적인 무선 인터넷망이 요구되었고, 이를 충족하기 위한 차세대 기술로 4세대(4G) LTE(Long Term Evolution)가 등장했다.

LTE의 등장과 상용화

　LTE는 국제전기통신연합(ITU)이 정의한 4세대 이동통신의 요건을 완전히 충족하지는 못했지만, 당시로서는 획기적인 속도와 효율성을 제공하는 진보된 기술이었다. 3G의 회선교환 방식과 달리, LTE는 올 IP(All-IP) 기반 구조를 채택해 음성과 데이터를 동일한 방식으로 처리하며, 빠른 응답성과 고속 전송을 가능하게 했다.

대한민국에서는 2011년 SK텔레콤과 LG유플러스가 최초로 LTE 서비스를 개시했고, KT(한국통신)도 같은 해 11월 전국망 구축에 나섰다. 불과 1-2년 만에 전국 주요 도시로 LTE망이 확대되었고, 2013년에는 전국 단위 커버리지가 완성되었다. 덕분에 이용자들은 끊김 없는 고화질 동영상 시청, 대용량 파일 전송, 다양한 위치 기반 서비스와 교통 정보 이용 등 풍부한 모바일 경험을 즐길 수 있게 되었다.

VoLTE와 음성 통화의 진화

LTE의 핵심 혁신 중 하나는 VoLTE(Voice over LTE) 기술이었다. VoLTE는 기존 회선교환 방식 대신 데이터망을 통해 음성을 전송하는 기술로, 통화 연결 시간이 짧고 HD(High Definition) 음성 통화를 가능하게 했다.

2012년부터 국내 통신사들은 VoLTE 서비스를 상용화하며, 음성 통화까지 IP 기반으로 전환하였다. 이는 LTE 기술 완성도를 높였을 뿐 아니라, 이후 5G로의 진화를 위한 필수 기반 기술이 되었다. VoLTE는 '음성도 하나의 데이터'가 되는 통신 환경을 실현한 대표적 기술적 전환이었다.

데이터 중심 이용 환경과 콘텐츠 소비의 변화

LTE는 단순한 속도 향상을 넘어, 이용자들의 생활 양식 자체를 변화시켰다. 실시간 영상통화, 클라우드 저장 연동, 고사양 모바일 게임, 전자결제 등 다양한 디지털 활동을 스마트폰 하나로 수행할 수 있게 되면서, 콘텐츠 소비 방식에도 큰 변화가 나타났다.

유튜브, 넷플릭스 등 동영상 기반 플랫폼은 LTE 환경 덕분에 폭발적으로 성장했고, 모바일에서도 고해상도 콘텐츠 소비가 일상이 되었다. 이에 따라 통신사들의 요금제 전략도 음성 중심에서 데이터 중심으로 재편되었으며, 데이터 무제한 요금제, 가족 공유 요금제, 테더링 지원 등 다양한 형태로 진화했다. 통신사는 단순한 망 제공자를 넘어, 콘텐츠 유통자이자 플랫폼 사업자로서 역할을 확대했다.

사물인터넷과 초연결 사회의 기반

LTE는 스마트폰뿐 아니라 다양한 기기의 상시 연결을 가능하게 했다. 스마트워치, 차량 통신 장비, 홈 IoT 기기들이 LTE를 통해 서로 연결되면서, 본격적인 사물인터넷(IoT) 시대가 열렸다.

특히 저전력·저비용에 특화된 **LTE-M(Machine Type Communication)** 과 NB-IoT(Narrowband IoT) 기술은 산업, 농업, 에너지 등 다양한 분야에 빠르게 도입되었다. 이는 기계 간 통신(M2M)을 가능하게 하며, LTE가 단순 소비자용 네트워크를 넘어 초연결 사회의 기반 인프라로 작동하게 만든 핵심 기술이었다.

스마트홈, 스마트팩토리, 스마트시티 등의 개념도 LTE 인프라를 바탕으로 실현되기 시작했다. 도심 센서들이 실시간으로 교통을 제어하고, 공장의 기계들이 데이터를 주고받으며 효율성을 높이며, 가정에서는 가전제품이 모바일 앱으로 원격 제어되는 시대가 열렸다.

통신 산업의 재도약과 글로벌 시장 진출

LTE 도입은 통신망 전면 재편을 필요로 했다. 국내 통신사들은 광케이블 고도화, 기지국 증설, 백홀(backhaul) 구축 등 대규모 인프라 투자를 진행했고, 이는 통신장비와 단말기 산업의 성장으로 이어졌다.

삼성전자는 LTE 스마트폰 시장에서 글로벌 점유율을 빠르게 확대하며 선두 자리를 확보했고, KT와 SK텔레콤 등은 LTE 기술을 해외에 수출하거나 국제 프로젝트에 참여하며 한국형 LTE 모델을 확산시켰다. LTE는 국내 이용자 생활의 변화를 넘어, 한국 정보통신 산업의 글로벌 재도약 기반이 되었다.

맺음말

4G LTE는 단순 속도 혁신을 넘어, 데이터 중심 사회의 본격적인 출발점이었다. 빠른 속도와 높은 효율성을 기반으로 이용자의 생활과 콘텐츠 소비, 산업 구조에 큰 변화를 가져왔고, IoT 기반 초연결 사회를 실현하며 5G로의 진화를 준비하는 결정적 디딤돌이 되었다. 대한민국은 LTE를 통해 디지털 사회의 문턱을 넘어섰으며, 통신 기술이 사회 전반을 변화시키는 혁신의 중심에 서게 되었다.

제17장.
5G에서 6G로
– 초연결 사회를 여는 기술혁명

21세기 정보통신 기술은 단순한 속도 향상을 넘어 인간의 삶과 산업, 사회 구조 전반을 혁신하는 방향으로 진화하고 있다. 그 중심에는 제5세대 이동통신, 5G가 자리한다. 5G는 자율주행차, 스마트팩토리, 원격의료 등 초저지연성과 대용량 데이터 전송이 필수적인 신산업의 기반이 되었으며, 디지털 대전환을 이끄는 촉매 역할을 수행해왔다.

2030년경 상용화를 목표로 개발 중인 6G는 지상에서 우주까지를 아우르는 전방위 통신 체계로 인류를 새로운 연결 생태계로 이끌 전망이다. 무선통신은 이제 음성과 데이터를 넘어, 지능과 감각, 경험까지 실시간으로 공유하는 '완전한 연결'의 시대로 나아가고 있다.

5G의 등장과 특징

2019년 4월, 대한민국은 세계 최초로 5G 이동통신 상용화를 선언하며 통신기술 강국의 위상을 재확인했다. 5G는 기존 4G LTE 대비 최대 20배 빠른 20Gbps 전송 속도, 1밀리초 이하의 초저지연, 제곱 킬로미터당 최대 100만 대 기기의 동시 연결이라는 특징을 갖는다.

이 혁신은 고주파(mmWave) 대역 활용, 네트워크 슬라이싱(Network Slicing), 모바일 엣지 컴퓨팅(MEC) 등 첨단 기술을 통해 실현되었다. 이 기술들은 스마트팩토리의 실시간 장비 제어, 자율주행차의 정밀한 움직임, 스마트시티 통합관리, 원격 의료 서비스 등 다양한 신산업의 토대가 되었다.

> **네트워크 슬라이싱(Network Slicing)**: 단일 물리 네트워크를 용도별로 가상 분리하여 맞춤형 서비스 제공
> **모바일 엣지 컴퓨팅(MEC)**: 데이터를 사용자 가까이에서 처리해 지연 최소화

세계 최초를 향한 경쟁

2010년대 중반부터 세계 주요국은 5G 상용화를 둘러싼 치열한 경쟁에 돌입했다. 미국, 중국, 일본, 유럽연합, 한국이 주요 주자였으며, 이 경쟁은 단순한 기술 개발을 넘어 산업 생태계 선점, 국가 안보, 국제 표준화 주도권 확보로 확장되었다.

한국은 2018년 말 시험 서비스를 시작해, 2019년 4월 3일 SK텔레콤, KT(한국통신), LG유플러스가 동시에 5G 스마트폰 기반 서비스를 개시하며 '세계 최초 상용화 국가' 타이틀을 공식화했다. 같은 날, 미국은 제한적 서비스로 대응했지만, 범용 스마트폰 기반 상용화에서는 한국이 앞섰다. 중국은 대규모 인프라 구축을 시작했으나, 본격적인 일반 서비스는 하반기부터였다.

5G 경쟁은 통신 장비 분야로까지 확산되었다. 미국은 화웨이 장비

의 보안 문제를 지적하며 동맹국에 사용 자제를 요청했고, 통신 인프라는 기술 선택을 넘어 외교·안보 이슈로 부상했다. 한국은 '5G 플러스 전략'을 통해 10대 핵심 산업을 선정하고 민관 협력으로 생태계를 조성하며, 세계 최초 상용화 달성에 성공했다.

6G를 향한 도전

6G는 표준화 초기 단계이지만, 세계 각국은 기술 주도권 확보 경쟁에 본격 돌입했다. 6G는 지상·해상·공중·우주까지 아우르는 초광역 통신 체계를 지향하며, 5G보다 수십-수백 배 빠른 전송 속도와 초정밀·초지능 연결을 목표로 한다.

6G 시대에는 네트워크 자체가 상황을 인지하고 판단해 자율적으로 동작하는 '지능형 연결(Intelligent Connectivity)'이 실현된다. 이를 통해 원격 수술, 초실감형 XR, 실시간 다차원 데이터 공유 등 혁신적 서비스가 가능해질 전망이다. 이를 위한 핵심 기술은 다음과 같다.

테라헤르츠(THz) 대역: 초고속 데이터 전송
지능형 반사판(RIS): 전파 반사 방향·세기 제어로 통신 품질 극대화
양자통신: 이론적으로 해킹 불가능한 보안 제공
AI 기반 네트워크 자율 제어: 네트워크 스스로 최적 경로 선택

한국의 기술 리더십

대한민국은 5G 세계 최초 상용화에 이어 6G 시대에도 기술 선도국 지위를 강화하고 있다. 2021년 정부는 '6G 핵심기술 개발 로드맵'을 발표하고, 2023년부터 '6G 핵심기술 개발사업'을 본격 추진 중이다.

'K-Network 2030' 전략을 통해 한국은 6G 원천기술 확보, 국제 표준화 주도, 산업 생태계 경쟁력 강화라는 세 가지 목표를 중심으로 6G 경쟁에 나서고 있다. 삼성전자, LG전자, 한국전자통신연구원(ETRI, 구ERTI) 등 주요 기업과 연구기관은 테라헤르츠 안테나, AI 기반 무선망, 차세대 반도체 기술 등 핵심 분야에서 세계적 성과를 내고 있으며, ITU, 3GPP 등 국제 표준화기구에서도 영향력을 점차 확대하고 있다.

미래를 향한 초연결 사회

정보통신 기술은 사람과 사물, 공간, 나아가 지구와 우주까지 연결하는 **초연결 사회**를 실현하고 있다. 5G와 6G는 경제, 산업, 문화, 보건, 교육 등 모든 분야의 디지털 혁신을 가능케 하는 사회적 인프라다.

통신 기술은 단순한 정보 전달 수단만이 아니라, 인류 문명의 구조와 방향을 결정하는 핵심 동력으로 자리 잡았다. 5G와 6G의 진화는 정보통신 역사가 곧 인류 미래를 설계하는 기술사이자 문화사임을 보여준다.

제18장.
방송통신 융합
- 경계 없는 소통의 시대

방송과 통신, 그 경계가 허물어지다

20세기까지 방송과 통신은 명확히 구분된 영역이었다. 방송은 '일대다(One to Many)' 방식으로 공중파, 위성, 케이블 등을 통해 동일한 정보를 대중에게 송출하는 매체였다. 반면 통신은 전화, 팩스, 이메일 등 '일대일(One to One)' 방식으로 사람 간 소통을 연결하는 수단이었다.

그러나 21세기 초 디지털 기술이 비약적으로 발전하고 초고속 인터넷이 빠르게 보급되면서, 두 영역의 경계는 점차 허물어지기 시작했다. 특히 IP(Internet Protocol) 기반 콘텐츠 전송 기술의 상용화는 통신망을 통해 방송 콘텐츠를 제공하는 방식을 일반화했고, 방송과 통신은 서로의 기능을 흡수하며 융합의 길로 접어들었다.

IPTV(인터넷 기반 방송 서비스, Internet Protocol Television)를

비롯해 유튜브, 넷플릭스 같은 OTT(Over The Top) 서비스, 스마트폰을 통한 실시간 방송 시청, 일반인의 콘텐츠 제작·유통을 가능케 한 UCC(User Created Content) 등은 방송통신 융합을 대표하는 사례다. 이제 누구나 콘텐츠의 생산자이자 유통자가 될 수 있으며, 이용자는 단순 수용자에서 플랫폼 생태계의 적극적 참여 주체로 진화했다.

IPTV의 출현과 제도 변화

방송통신 융합 시대의 실질적 출발점은 IPTV였다. 2005년 KT(한국통신)가 '메가TV' 시범 서비스를 시작했고, 2008년에는 KT, SK브로드밴드, LG유플러스가 IPTV 상용 서비스를 본격 개시하며 새로운 미디어 시대가 열렸다.

IPTV는 기존 지상파, 케이블, 위성방송과 달리 통신망을 이용해 실시간 방송과 주문형 비디오(VOD)를 함께 제공했다. 시청자는 정해진 시간표에 맞춰 방송을 보는 방식에서 벗어나, 원하는 시간에 원하는 콘텐츠를 자유롭게 소비할 수 있게 되었고, 이는 미디어 이용 행태 전반의 변화를 촉발했다.

또한 IPTV는 유선전화, 초고속인터넷과 방송을 통합한 패키지 상품을 통해 가계 통신서비스 구조를 재편했다. 양방향 서비스가 강화되면서 시청자의 참여가 확대되었고, 디지털 접근성이 낮은 고령층과 농어촌 주민에게도 새로운 정보 접근 기회를 제공했다.

이러한 변화는 방송법 중심의 기존 규제 체계에 균열을 내고, 방송사업자와 통신사업자 간 규제 형평성 문제를 부각시켰다. 이에 정부는

IPTV법 제정과 방송통신융합법 논의 등 제도 개편에 나섰으며, 규제의 정합성과 유연성을 확보하는 일이 중요한 정책 과제로 떠올랐다.

OTT의 시대 – 플랫폼이 바꾼 콘텐츠 생태계

2010년대 중반부터는 IPTV를 넘어 OTT 중심의 미디어 생태계로 급속히 전환되었다. OTT는 기존 방송망을 거치지 않고 인터넷을 통해 영상 콘텐츠를 제공하는 서비스로, 전통적 방송 질서를 넘어서는 새로운 시청 문화를 형성했다.

넷플릭스, 유튜브는 글로벌 OTT 플랫폼으로 자리 잡았고, 국내에서는 웨이브, 티빙, 쿠팡플레이 등 다양한 OTT 서비스가 자체 콘텐츠 제작에 나서며 경쟁을 벌였다. 기존 방송사들도 물리적 방송국의 한계를 넘어, 온라인 기반 플랫폼 중심 전략으로 방향을 전환했다.

OTT의 핵심은 '온디맨드(On-Demand)' 소비 방식이다. 시청자는 시간표에 구애받지 않고, 스마트폰, 태블릿, 스마트TV 등 다양한 기기로 원하는 콘텐츠를 언제 어디서든 소비할 수 있다. 여기에 이용자 취향과 시청 이력을 분석한 추천 알고리즘이 더해져 개인화된 소비 환경이 조성됐다.

동시에 광고 모델과 유통 구조 등 기존 미디어 산업의 수익 기반에도 큰 변화가 일어났다. 유튜브, 틱톡 등 플랫폼의 등장은 누구나 콘텐츠를 제작하고 유통할 수 있는 시대를 열었고, 전문가 제작물과 일반인 제작물, 실시간 방송과 주문형 콘텐츠 간 경계는 점점 모호해졌다.

OTT는 단순 기술 변화가 아닌, 방송과 통신이 하나의 플랫폼 생태계로 통합되는 상징적 현상이며, 미디어 소비 시대를 '선택의 시대'에서 '참여의 시대'로 바꾸는 전환점이었다.

정부 정책과 규제 환경의 진화

방송과 통신의 융합은 정부 정책과 규제 체계에도 근본적 전환을 요구했다. 과거에는 방송과 통신이 각각 독립된 법률과 감독 기관에 의해 관리되었지만, 융합 환경에서는 이러한 이분법적 체계가 현실을 반영하지 못했다.

2008년 방송통신위원회 출범은 통합 규제의 첫걸음이었다. 이후 방송법, 전기통신사업법, IPTV법 등 다양한 법률의 정합성을 검토하고, 융합 서비스 특성을 반영한 새로운 규제 체계 마련 논의가 이어졌다. 방송통신융합추진위원회, 콘텐츠진흥기구 등도 이러한 노력의 일환이었다.

2020년대에는 OTT의 법적 지위, 망 사용료 분담, 알고리즘 공정성, 개인정보 활용 범위 등이 주요 쟁점으로 떠올랐다. 플랫폼 기업이 단순 전송 기능을 넘어 콘텐츠 기획·제작·유통까지 수행하면서, '방송 vs 통신' 구분은 '콘텐츠 vs 플랫폼', '창작자 vs 중개자'라는 새로운 구조로 재편되었다.

기술 변화 속도를 따라가는 유연한 규제가 중요해졌고, 산업 발전과 공공성, 이용자 권리 보호의 균형을 맞추는 것이 핵심 과제가 되었다. 이는 단순 산업 규제를 넘어 사회 전체의 정보 접근권과 문화 다양성 보장을 위한 구조적 과제로 자리 잡았다.

융합 시대의 이용자 – 생산자이자 소비자

방송통신 융합 시대의 가장 큰 변화는 이용자의 지위 변화에서 확인된다. 스마트폰과 인터넷만 있으면 누구나 콘텐츠를 제작하고 유통할 수 있게 되었고, 이용자는 더 이상 수동적 수용자에 머무르지 않는다.

오늘날 이용자는 콘텐츠의 생산자이자 소비자인 **프로슈머(Pro-sumer)**로 진화했다. 유튜버, 틱톡커, 1인 방송 진행자 등은 개인을 넘어 하나의 브랜드이자 경제 주체로 성장하며, 미디어 산업의 중요한 축을 형성한다.

플랫폼은 이들에게 수익 기회를 제공하고, 알고리즘을 통해 콘텐츠 확산을 지원하며, 창작과 소비의 연결 고리를 강화한다. 이용자는 콘텐츠를 선택하는 데서 나아가, 직접 만들고 공유하며, 사회적 담론을 형성하는 주체로 활동한다.

그러나 이러한 환경은 정보 편향, 알고리즘 조작, 가짜뉴스 등 새로운 사회적 문제도 동반한다. 이용자의 역할 확대와 함께 플랫폼의 책임성과 정보 윤리에 대한 논의도 중요해지고 있다.

이처럼 참여와 연결, 창작과 수용의 경계가 사라진 융합 시대는 단순 기술 통합을 넘어, 사람 중심의 커뮤니케이션 환경과 정보 민주화라는 본질적 의미를 함께 담고 있다.

용어 해설

IPTV (Internet Protocol Television): 초고속 인터넷망(IP)을 통해 실시간 방송과 VOD를 제공하는 방송통신 융합 서비스.

OTT (Over The Top): 기존 방송망 없이 인터넷으로 영상 콘텐츠를 제공하는 서비스. 넷플릭스, 유튜브 등.

VOD (Video On Demand): 시청자가 원하는 시간에 원하는 콘텐츠를 선택해 시청할 수 있는 주문형 영상 서비스.

UCC (User Created Content): 이용자가 직접 제작하고 유통하는 콘텐츠. 유튜브 영상, 블로그, SNS 콘텐츠 등.

프로슈머 (Prosumer): 생산자(Producer)와 소비자(Consumer)를 겸하는 개인.

망 사용료 (Network Usage Fee): 콘텐츠 제공자가 통신망을 이용할 때 발생하는 비용. OTT와 통신사 간 논쟁 지점.

> 전 국민이 기본적인
> 통신서비스를 누릴 수 있게 되면서,
> 정보통신은 산업과 경지를 넘어
> 삶의 기반을 이루는
> 사회적 인프라로 자리 잡기 시작했다.

제4편
통신 서비스와 생활의 변화

제19장.
농어촌전화
– 전국민 통신보급의 시작

리·동 단위 농어촌전화 – 외딴 마을을 향한 첫 연결

1960년대 이전, 우리나라의 전화망은 도시와 읍·면 소재지에 집중되어 있었다. 대부분 농어촌 리·동 단위 마을은 '가입구역' 외 지역으로 분류되어, 체신당국의 전화 설비 대상에서 제외되었다. 전화기를 설치하려면 주민이 선로와 기자재 비용을 전액 부담해야 했고, 전봇대나 통신선을 직접 구입해 국가에 기부해야 했다. 이러한 조건은 농촌 주민에게 현실적으로 감당하기 어려운 부담이었다.

그 결과, 농촌 지역은 오랜 기간 통신의 사각지대에 머물러야 했다. 주민들은 전화 한 통을 걸기 위해 몇 킬로미터를 걸어 읍내 우체국이나 공중전화를 찾아야 했다. 급박한 병환이나 사고가 발생해도 즉시 연락할 방법이 없어 가족의 생명과 재산이 위협받는 일이 많았다. 전화의 부재는 단순한 불편을 넘어 생존의 문제였고, 이는 통신이

전화공사중

단지 편리함을 제공하는 기술이 아니라 삶의 기본권이라는 인식을 확산시키는 계기가 되었다.

체신부도 문제를 인식하고 있었으나, 당시 한정된 예산으로는 도시 전화 수요조차 충당하기 어려웠다. 국면을 바꾼 전환점은 1969년, 전라남도 지사 출신 김보현이 체신부 장관으로 취임하면서 시작되었다. 농촌 현실을 잘 아는 그는 전화망 확충의 필요성을 절감하고, '가입구역'이라는 제도적 장벽을 넘어 전국의 리·동 단위 마을까지 전화기를 보급하라는 과감한 정책을 지시했다.

체신부는 즉시 무전화 마을 전수조사에 착수했다. 실무진은 조선일보사 뒤편의 허름한 여관방을 임시 사무실로 삼아 약 3개월간 전국의 전화국 위치, 마을 간 거리, 예상 선로 길이, 전봇대 수량, 설치 비용 등을 꼼꼼히 산출했다. 초기에는 5개년 계획이었으나, 예산과 인력 상황을 고려해 6개년 계획으로 조정되어 정부가 공식 발표했다. 박정희 대통령도 이 사업을 적극 지지하며 추진에 힘을 실었다. 김보현 장관은 이 사업의 공로를 인정받아 이후 농림부 장관으로 영전했다.

현장의 작업은 고되고 험난했다. 차량 접근이 불가능한 오지 마을에서는 수십 킬로그램에 달하는 콘크리트 전봇대를 직접 짊어지고 좁은 농로와 비탈길을 따라 운반해야 했다. 선로 매설, 전봇대 설치, 회선 연결까지 대부분 수작업으로 이루어졌으며, 현장 직원들의 헌신 없이는 사업 완성이 불가능했다.

전화기는 대부분 마을 공동전화로 설치되어, 대부분 이장 집이 마을의 통신 중심이 되었다. 전화가 울리면 이장은 마을 확성기를 통해 "김아무개, 전화 왔소!"라고 알렸다. 들판에서 일하던 주민은 호미를 내려놓고 달려와 전화를 받았다. 이렇게 한 대의 전화기가 마을 전체를 연결하는 중심 역할을 하면서, 면사무소나 읍내 기관과의 연락이 원활해졌다. 또한 농수산물 가격을 미리 파악하고 출하 시기를 조정하는 등 실질적인 경제적 효과도 나타났다.

이 사업은 단순한 전화기 보급을 넘어, 농어촌 주민에게 정보 접근권을 보장한 역사적 전환점이었다. 이후 '1가구 1전화' 정책과 전국민 통신망 확충의 토대를 마련하며, 통신을 도시의 특권이 아닌 보편적 권리로 확장하는 계기가 되었다.

외딴 섬에도 – 도서 무선전화 설치사업

리·동 단위 전화사업이 진행되던 시기에도, 유선망이 닿지 않는 외딴 섬마을은 여전히 통신의 사각지대였다. 도서 지역에서는 응급 상황이 발생해도 연락 수단이 없어 대응이 불가능했다. 선박 사고, 질병, 범죄 등 위기 상황에서 주민들은 속수무책이었고, 일부 섬에서는 간첩이 출몰했음에도 신고조차 할 수 없는 현실이었다.

1972년, 대간첩작전본부는 체신부에 도서 지역 통신망 확충을 공식 요청했다. 체신부는 상주 인구 500명 이상인 유인도 205개를 선정하여 '도서 무선전화' 설치사업을 개시했다. 유선망 설치가 어려운 섬에는 무선 전파를 이용한 장비를 설치하여 육지와 음성 통신을 가능하게 했다.

도서 무선전화는 단순한 통신 수단이 아니라 주민의 생명을 지키는 '생명의 전화' 역할을 했다. 병원 연락, 해상 사고 신고, 교육과 행정, 재난 대응 등 다양한 분야에서 즉각적인 도움을 제공했다. 섬 주민들은 더 이상 고립된 존재가 아니었으며, 국가와 사회의 네트워크에 실질적으로 연결되었다.

리·동 단위 전화사업과 도서 무선전화 설치사업은 보편적 통신서비스 개념이 정책으로 구현된 대표 사례였다. 전국민이 기본적인 통신서비스를 누리게 되면서, 정보통신은 단순한 편의가 아니라 삶의 기반이 되는 사회적 인프라로 자리 잡기 시작했다.

//
제20장.
장거리자동전화
– 전국 전화망의 자동화를 향하여

시외전화의 불편과 도청 우려

　전화는 본래 '거리' 개념을 내포하고 있었다. 같은 지역 간 통화는 시내전화, 지역을 달리하는 통화는 시외전화로 구분되었고, 시외전화는 별도의 회선과 교환원의 수동 중계를 통해 연결되었다. 1970년대 초까지 시외전화를 걸기 위해서는 '0'을 누른 뒤 교환원에게 상대방 지역명과 전화번호를 불러주어야 했다. 교환원은 커다란 교환기 앞에서 플러그를 손으로 뽑아 다른 회선에 꽂으며 연결을 시도했다. 회선이 부족하거나 사용 중이면 기다려야 했고, 통화가 연결되기까지 몇 분, 때로는 수십 분이 걸리기도 했다.

　무엇보다 큰 문제는 사생활 보호였다. 교환원의 중계를 거치므로 도청 가능성이 항상 존재했다. 정치인, 기업인, 언론인 등 민감한 대화를 나누는 사람은 늘 불안 속에서 통화해야 했고, 일반 국민도 "누군가 듣고 있을지도 모른다"는 의식을 갖고 전화를 사용해야 했다.

경부고속도로와 통신망의 괴리

1970년 7월, 서울과 부산을 잇는 경부고속도로가 개통되었다. 이제 국민은 하루 만에 전국을 오갈 수 있게 되었지만, 통신망은 여전히 교환원의 수동 중계에 머물러 있었다. 서울에서 부산까지 차로는 반나절이면 도착할 수 있었지만, 전화를 걸면 교환원을 거쳐야 했고, 수분에서 수십 분을 기다리는 경우도 흔했다. 국민들은 "길은 가까워졌는데, 목소리는 멀다"는 불만을 토로했다. 고속도로가 교통 혁신의 상징이었던 만큼, 통신망에도 이에 걸맞은 혁신이 시급했다.

장거리자동전화의 기술과 설치 현장

체신부는 '장거리전화 자동화' — 즉 교환원의 개입 없이 발신자가 상대 지역번호와 전화번호만 누르면 자동 연결되는 DDD(Direct Distance Dialing) 도입을 국가적 시급 과제로 설정했다.

장거리자동전화는 기존의 기계식 수동 교환기 대신 자동교환기를 사용했다. 초기에는 릴레이 기반 기계식 교환기에서 점차 전자기계식(EMD)으로 발전했고, 이후에는 완전 전자식 교환기(TDX)로 이어지게 된다. 자동 교환기는 통화 연결을 빠르게 처리하고, 장애 발생 시 자동 복구 기능도 갖추어 안정성이 크게 향상되었다.

서울-부산 장거리자동전화 설치와 시험운영은 저자가 직접 현장을 책임졌다. 교환기 설치 과정에서 발생한 기계적 오류, 전원 공급 문제, 시험 통화 실패 등 수많은 난관이 있었다. 현장 직원들은 밤낮

없이 장비를 점검했고, 드디어 첫 연결이 성공했을 때의 긴장과 환희는 지금도 생생하다.

서울-부산 간 장거리자동전화 개통

1970년, 한국은 독일 지멘스(Siemens)사의 전자기계식 교환기(EMD 방식) 205회선을 도입하며 서울-부산 간 자동 연결 기반을 마련했다. 이는 단순한 장비 설치가 아니라, 회선 용량 확충, 신호 체계 정비, 과금 시스템 개선 등 통신 인프라 전반을 재편하는 대규모 사업이었다.

1971년 3월 31일, 서울-부산 간 장거리자동전화 서비스가 공식 개통되었다. 이제 더 이상 '0'을 누르거나 교환원을 기다릴 필요 없이, 지역번호와 전화번호만 누르면 바로 통화가 연결되는 시대가 열린 것이다. 사생활 침해 우려도 획기적으로 줄었다. 전화는 '공공적 통신'에서 '개인적 소통'으로 확장되는 전환점을 맞이했다.

첫 공식 통화는 백두진 국무총리와 부산시장 간에 이루어졌고, 실무 책임자는 대통령 표창을 받으며 국가적 성과로 인정받았다.

'장거리자동전화'라는 정책 명칭의 탄생

애초 이 사업의 공식 명칭은 '시외전화 자동화'였다. 그러나 1971년 당시 체신부 장관 신상철은 이 표현이 기술적으로는 정확하지만 국민적 호응을 끌어내기 어렵다고 판단했다. 그는 직접 **'장거리자동전화(長距離自動電話)'**라는 명칭을 고안해 채택했다.

이 용어는 관보와 신문, 라디오 등을 통해 전국적으로 확산되었고,

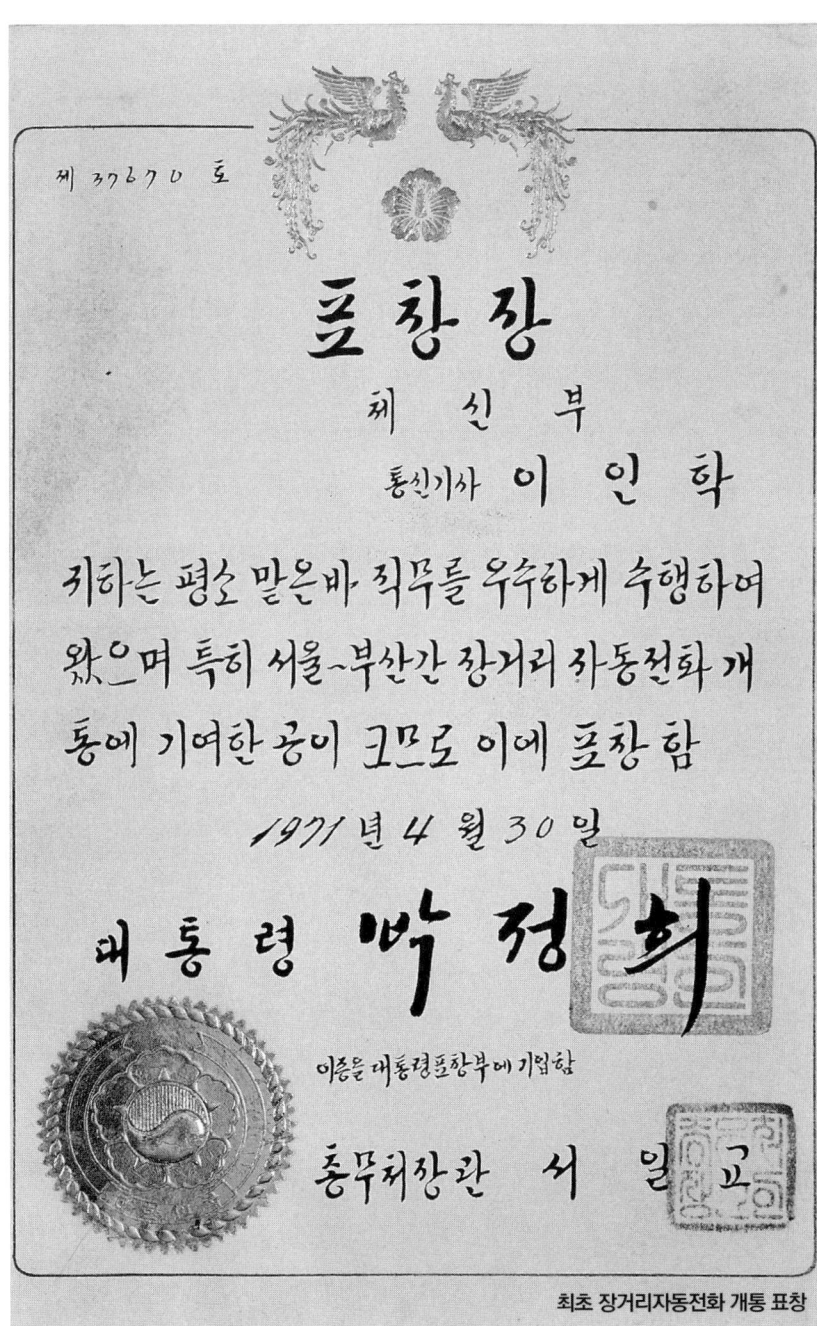

최초 장거리자동전화 개통 표창

국민에게 금세 익숙한 표현으로 자리 잡았다. 단순한 기술 용어의 변경을 넘어, 정책을 국민의 언어로 풀어낸 성공적인 사례였다.

지역번호 도입과 전국망 확대

서울-부산 간 개통은 시작에 불과했다. 전국망을 확대하려면 전화번호 체계를 새로 정비해야 했다. 발신자가 상대 지역번호를 직접 눌러야 했기 때문에, 전국을 시외통화권으로 구분하고 '0XX' 형식의 지역번호가 도입되었다. 체신부는 수도권과 주요 산업도시를 중심으로 DDD 회선을 우선 확대했다. 이어 시외 교환국 건설, 교환기 교체, 전송 회선 확보, 인력 재교육 등 전국적 인프라 개편을 추진했다.

대표 지역번호
서울: 02   인천: 032
경기·강원: 03X   대전·충청: 042, 04X
부산·경남북: 051, 05X   광주·전남북·제주: 062, 06X
※ 지역번호 07–09는 통일 이후에 사용하기 위해 비워두었다.

확대 연표
1977년: 대부분 대도시 DDD망 구축
1986년: 평창·봉화 등 일부 산간 지역 제외 대부분 시외전화 자동화
1990년 3월: 전국 어디서든 자동 시외전화 연결 가능

전화자동화의 사회적 의미

장거리자동전화와 지역번호 체계 도입은 단순한 기술 도입이 아니라, 국민 생활과 산업 활동을 송두리째 바꾼 사건이었다. 지역번호 체

계는 통화요금 산정, 전화번호부 제작, 114 안내 서비스 등 전화문화 전반의 기준이 되었으며, 대한민국 전화망 운영의 뼈대를 형성했다.

오늘날 전국 단일요금제와 스마트폰, 인터넷 전화 보편화로 '시외전화'와 '지역번호'의 개념은 희미해졌다. 그러나 1970-80년대 장거리자동전화 사업은 대한민국 정보통신사에서 중대한 분기점이었다. 경부고속도로가 물리적 거리를 좁혔다면, 장거리자동전화는 심리적 거리와 통신 장벽을 허문 **'연결의 혁명'**이었다.

통화 속도 향상: 기업 업무 효율과 의사결정 속도가 크게 증가
정서적 교류 확대: 가족 간 통화 빈도와 편리성이 높아져 이산가족·이주민에게 큰 힘이 됨
프라이버시 보장: 자율적이고 개인적인 통신 환경 확보

제21장.
사설통신 PBX
– 기업 통신의 핵심 인프라

기업 통신의 중심, PBX

　PBX(사설교환기, Private Branch Exchange)는 기업이나 기관 내부에서 전화 통화를 효율적으로 처리하고, 외부와의 통화를 연결해 주는 핵심 장비다. PBX를 사용하면 조직 내 내선 간 통화는 직접 연결되어 무료로 이용할 수 있고, 외부 통화는 제한된 외선 회선을 공유함으로써 통신비를 절감하고 회선 자원을 효율적으로 사용할 수 있다.

　초기의 PBX는 단순히 전화를 연결하는 기능에 그쳤으나, 이후 자동화와 디지털화, IP 기반 통신, 클라우드 서비스까지 수용하면서 기업 커뮤니케이션 인프라의 중심축으로 성장해 왔다.

사설교환기의 발전
– 수동에서 디지털, 그리고 클라우드로

수동 교환기의 시대

PBX의 기원은 수동식 공전교환기에서 출발한다. 초창기 기업에서는 교환원이 수동으로 회선을 접속하여 통화를 연결해야 했기에 대량 통화 처리나 실시간 연결에 한계가 있었다. 연결 시간은 길었고, 인력 의존도가 높았으며, 통화 흐름에 대한 기록이나 분석은 거의 불가능했다.

전자식 PBX의 도입 – 자동화의 시작

1980년대 초 전자 기술의 발전과 함께 **전자식 사설자동교환기(Electronic Private Automatic Branch Exchange, ETABX)** 가 도입되면서 사설 통신 환경에 획기적인 전환점이 마련되었다. EPABX는 내선 자동 연결, 착신 전환, 통화 제한, 통화 보류 등 기본 기능을 자동으로 제공하며, 교환원이 필요 없는 자동화된 통신 환경을 실현했다. 이로 인해 통신 효율과 업무 생산성이 크게 향상되었다.

디지털 PBX의 확산 – 품질과 기능의 도약

1990년대 들어 디지털 기술이 통신 분야에 본격적으로 도입되면서 PBX도 디지털 방식으로 진화하였다. 디지털 PBX는 기존 아날로그 대비 음성 품질이 뛰어나고, 다채널 동시 처리, 발신자 번호 표시, 음성 응답 시스템(IVR), 통화 녹음, 통계 분석 등의 고급 기능을 지원함으로써 기업 내 고객 응대와 콜센터 운영의 품질이 크게 향상되었다. 또한 ISDN 기반 통합망 서비스와의 연동이 가능해져 안정성과 확장성이 높아졌다.

IP-PBX의 등장 – 데이터 통신과의 통합

2000년대에는 인터넷 기반 음성통신 기술인 **VoIP(Voice over Internet Protocol, 인터넷 전화)**이 확산되며, PBX도 IP 기반으로 진화하였다. IP-PBX는 전화 통화를 음성 회선이 아닌 데이터 네트워크를 통해 처리함으로써, 본사와 지사, 원격 근무자가 하나의 통합 통신망에 연결될 수 있게 하였다. 하드웨어 중심에서 소프트웨어 기반으로 전환되면서 관리와 확장이 더욱 유연해졌다.

클라우드 PBX – 물리적 한계를 넘다

최근에는 물리적인 장비 설치 없이 인터넷 기반으로 제공되는 클라우드 PBX(Cloud PBX) 서비스가 빠르게 확산되고 있다. 초기 투자 비용이 적고 유지·보수가 간편하며, 필요에 따라 유연하게 확장할 수 있어 중소기업, 스타트업, 원격 조직 등을 중심으로 각광받고 있다. 모바일 연동, 글로벌 확장성, 실시간 통계 분석, AI 상담 기능 등도 클라우드 PBX의 핵심 장점이다.

PBX의 주요 기능과 활용

기업 커뮤니케이션의 자동화

현대 PBX는 단순한 전화 교환 기능을 넘어, 기업 커뮤니케이션을 자동화하고 지능화하는 시스템으로 발전하였다. 내선 간 무료 통화, 착신 전환, 자동 응답, 통화 보류, 통화 녹음, 통화 통계 분석 등은 기본 기능이며, 복잡한 통화 흐름을 자동 제어할 수 있다. 특히 통화 이력 및 패턴 분석을 통해 업무 효율을 높이고, 고객 서비스 수준을 향상시킬 수 있다.

콜센터 운영의 핵심 인프라

PBX는 고객 응대와 상담 기능이 중요한 콜센터의 핵심 인프라이기도 하다. 자동 호 분배(ACD), 컴퓨터 전화 통합(CTI), 고객관리시스템(CRM)과의 연계를 통해 고객 전화를 효율적으로 분산 처리하고, 통화 이력을 기록하며, 실시간 모니터링과 상담원 성과 분석이 가능하다. 특히 1990년대 후반 이후 카드사·보험사·통신사 등이 경쟁적으로 고객센터를 확장하면서, PBX는 한국 콜센터 산업의 성장과 직결된 기반 기술이 되었다.

통합 커뮤니케이션의 허브

현대의 PBX는 음성 통화 외에도 이메일, 문자, 화상회의, 협업툴 등 다양한 채널과 연계되는 **통합 커뮤니케이션(Unified Communications)**의 중심 플랫폼 역할을 수행한다. 특히 코로나19 이후 원격근무와 비대면 업무 환경이 확산되면서, 이러한 UC 기능의 중요성은 더욱 커지고 있다.

한국에서의 도입과 확산

허가제와 품질 관리의 시작

우리나라에서 PBX가 본격 도입된 것은 1960년대 중반이다. 당시 체신부는 기업·기관의 통신 자율성을 인정하면서도 공중 통신망과의 연결에 따른 통신 질서와 품질 확보를 위해 사설교환기 설치 허가제도를 도입하였다. 이를 통해 장비의 전기적 안정성, 품질, 공공망과의 접속 가능 여부 등을 엄격히 심사하였다. 초기에는 대기업 본사, 은행, 언론사, 호텔 등 주요 기관이 중심이 되어 설치를 시작하였다.

전자식 PBX 보급과 국산화 경쟁

1980년대에는 한국전기통신공사(KTA)가 형식승인 제도를 시행하며 국산 전자식 PBX의 보급을 본격적으로 추진하였다. 금성통신(현 LG전자), 삼성전자, 대우통신, 현대전자, 코콤 등 국내 통신기기 업체들이 EPABX 시장에 진출하면서 국산화 경쟁이 활발히 전개되었다. 이 과정에서 채널 수 확장, 자동 착신 기능, 유지관리 편의성 등 기능 차별화가 이뤄졌고, 정부기관, 금융기관, 대기업 중심으로 빠르게 확산되었다.

자유화 시대, 기술 경쟁의 본격화

1990년대 후반 통신시장 자유화와 KT(한국통신)의 민영화 이후 외산 PBX 장비가 다수 유입되었고, 국내 기업들과의 경쟁이 본격화되었다. 국내 제조사들은 고기능화, 가격 경쟁력, 기술 지원 체계 등을 무기로 시장 점유율을 유지하였으며, 이 시기부터 PBX 전문 서비스 기업들도 등장해 다양한 통신 인프라 구축 사업을 전개하게 되었다.

클라우드 기반으로의 전환

2000년대 이후 디지털 전환이 가속화되면서 IT 기업, 교육기관, 스타트업을 중심으로 클라우드 기반 PBX가 빠르게 확산되고 있다. 특히 AI 기반 상담, 업무 자동화, 대시보드 통계 기능 등이 접목되며, 클라우드 PBX는 더 이상 단순 음성 연결 장비가 아닌, 기업의 디지털 역량을 지원하는 전략 인프라로 자리 잡고 있다.

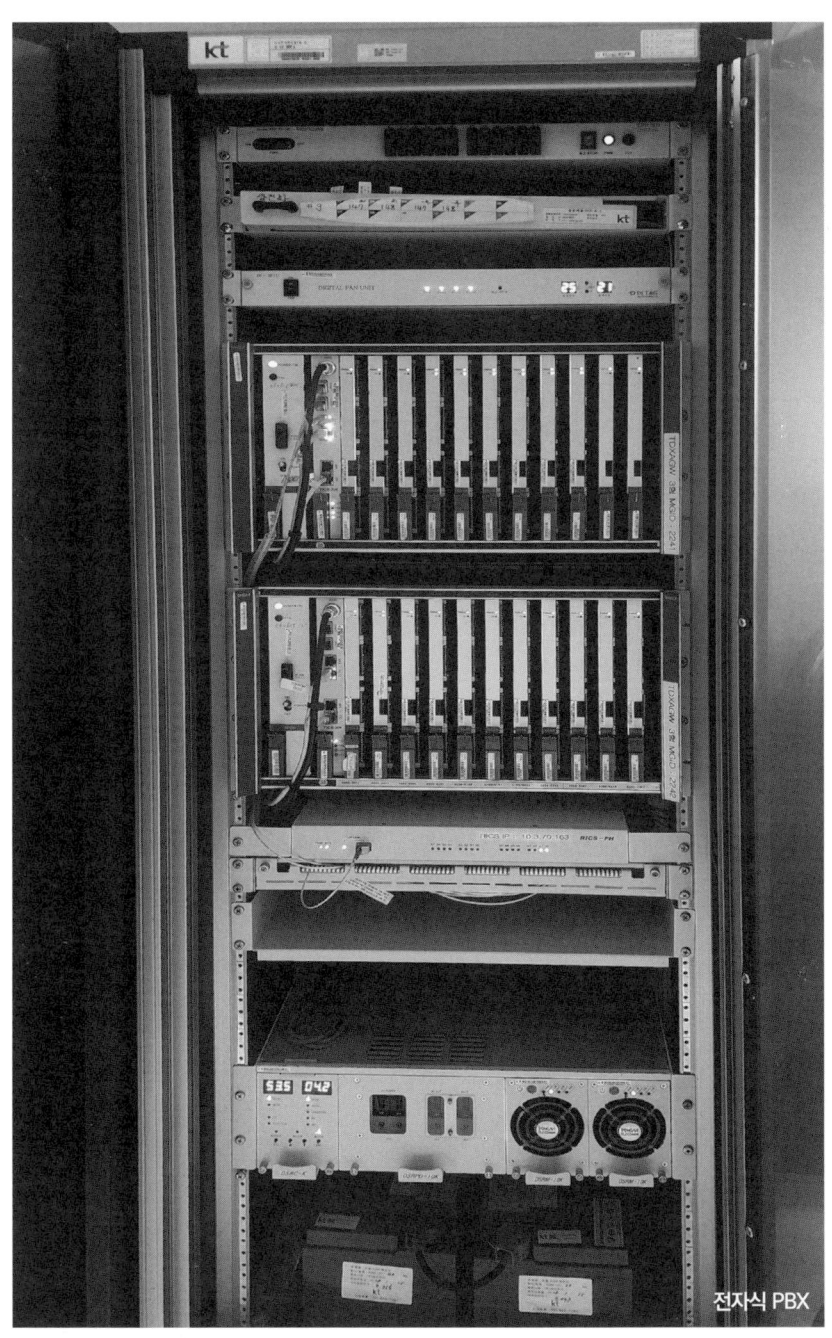

전자식 PBX

> **에피소드 – 금융기관의 PBX 도입**
> 1984년, 서울 소재 한 대형 은행 본점은 금성통신의 전자식 PBX를 도입하였다. 이전까지는 교환원을 거쳐야만 가능했던 지점 간 통화가 자동화되면서, 하루 수천 건에 이르는 업무 통화가 신속히 처리되었고 업무 효율성이 크게 향상되었다. 이 성공 사례는 이후 다른 금융기관과 공공기관의 EPABX 도입을 촉진하는 계기가 되었다.

맺으며 – 기업 통신의 전략 자산으로 진화한 PBX

PBX는 수동식 공전교환기에서 출발해 자동화, 디지털화, IP 기반 전환, 그리고 클라우드 기반 서비스로 이어지는 혁신의 과정을 거치며 기업 통신의 전략 자산으로 자리 잡았다. 단순한 음성 통화 장비를 넘어 고객 응대 자동화, 통화 흐름의 지능화, 통합 커뮤니케이션 플랫폼 기능을 수행하는 중추 시스템으로 발전하였다.

앞으로 5G, 인공지능(AI), 클라우드 네이티브, SDN/NFV 등의 기술이 본격 도입되면서, PBX는 더욱 스마트하고 유연한 시스템으로 진화할 것이다. 특히 "PBX"라는 명칭조차 점차 **UCaaS(Unified Communications as a Service)**로 대체되며, 음성 인식 기반 상담, 실시간 통화 분석, 업무 협업 플랫폼과의 통합 등 고도화된 기능을 통해 기업의 디지털 전환을 이끄는 핵심 인프라로 자리할 것이다.

정리 요약

　　PBX는 기업·기관의 전화 통신을 효율화하기 위해 도입된 사설교환기로, 수동식 장비에서 시작해 자동화–디지털화–IP화–클라우드로 발전해 왔다. 한국에서는 1960년대 허가제 도입과 함께 본격화되었고, 1980년대 국산화 경쟁, 1990년대 자유화, 2000년대 이후 클라우드 전환을 거쳐 기업 통신의 핵심 인프라로 자리 잡았다. 오늘날 PBX는 단순 음성 교환기를 넘어 UCaaS 기반 통합 커뮤니케이션 허브로 진화하며, 기업의 디지털 혁신을 지원하는 전략적 자산으로 기능하고 있다.

제22장.
114 안내 서비스와 전화번호부

114, 목소리로 잇던 전화번호 안내의 시작

1960년대 후반, 전화 보급률이 점차 높아지고 통신망이 확장되면서 사람들은 더 많은 이들과 전화로 소통할 수 있게 되었다. 그러나 상대방의 전화번호를 모두 기억하거나 일일이 기록해두는 데에는 분명한 한계가 있었다. 이러한 사회적 수요에 대응해 등장한 것이 바로 '**114 전화번호 안내 서비스**'였다.

전화기에서 114를 누르면 연결된 안내원이 이용자가 원하는 사람이나 기관의 전화번호를 찾아 알려주는 이 서비스는, 초창기에는 전적으로 수작업에 의존했다. 컴퓨터 시스템이 없던 시절, 안내원들은 종이로 된 전화번호 목록이나 전화번호부를 손수 넘기며 빠르게 필요

114안내 (1960년)

한 번호를 찾아 응대했다.

이들은 단순한 정보 제공자가 아니라, 전화문화의 최전선에서 사람과 사람을 잇는 '**목소리의 중계자**'였다. 정확하고 신속한 안내를 위해서는 탁월한 기억력과 응대 능력, 정중한 화법이 요구되었다. 상호명이나 지역 정보만으로도 상대방을 유추해내는 감각은 반복된 경험 속에서 체화된 전문성이었다.

114 안내는 점차 단순한 번호 제공을 넘어, 생활 정보 안내로까지 확대되었다. "서울역 근처 헌책방", "남대문 부근 치과"처럼 모호한

문의에도 안내원들은 다양한 방법으로 최대한 정확한 정보를 제공하고자 노력했다. 전화는 단순한 기계 장치를 넘어, 사람과 사람을 잇는 따뜻한 기술로 자리 잡아갔다.

1980년대에 들어 전화 가입자가 급증하고 통신망이 폭발적으로 확장되면서, 114 이용 건수도 크게 증가했다. 하루 수백 통에서 많게는 700-800통까지 응대하는 안내원이 속출했고, 대부분 여성들이 안내원으로 근무했다. 이들은 음성 서비스의 최일선에서 고객과 직접 마주하며, 전화문화를 실질적으로 이끌어갔다.

1980년대 후반부터 일부 지역에 전산 시스템이 도입되기 시작했고, 1990년대에는 전국적으로 데이터베이스 기반의 번호 안내 체계가 정착되었다. 이후 자동응답시스템(ARS)의 도입과 함께 114는 더욱 빠르고 효율적인 정보 제공 창구로 발전하였다. 2000년대에는 민간 위탁 운영이 본격화되었으며, 인터넷 검색 포털이 등장하면서 114의 역할은 다소 축소되었지만, 여전히 대표적인 전화번호 안내의 상징으로 남았다. 그 출발점에는 사람의 목소리로 정보를 전하고, 정성스럽게 응대하던 안내원의 노력이 있었다.

종이 위에 새긴 일상 – 전화번호부 이야기

114 안내 서비스와 함께 전화번호 정보를 제공했던 또 하나의 중요한 수단은 전화번호부였다. 전화번호부는 전화 가입자 명단을 체계적으로 정리한 책자로, 초기에는 가입자 수가 적어 지역별 소책자 형태로 제작·배포되었다. 이름, 전화번호는 물론 주소, 직장, 업종 등 다

전화번호부

양한 정보가 수록되어, 일종의 지역 생활 백과사전처럼 기능했다.

전화번호부는 해마다 새롭게 제작되었고, 전화 회선 증설과 가입자 증가에 따라 점점 두꺼워졌다. 매년 변경되는 전화번호와 상호, 주소 정보를 반영한 이 '살아 있는 책자'는 단순한 안내서를 넘어, 사회 변화의 흐름을 담은 생활 기록물이었다.

1960년대 후반부터는 전화번호부에 광고가 실리기 시작하면서 상업적 성격도 띠게 되었다. 병원, 음식점, 이삿짐센터 등 다양한 업종의 업체들이 광고면에 자리를 잡기 위해 경쟁했고, 이 광고 페이지는 실질적인 생활 정보책자로 활용되었다. 전화번호부는 공공 서비스를 넘어, 지역 상권을 연결하는 생활 미디어로 자리매김했다.

전화번호 앞자리를 보면 지역을 유추할 수 있었는데, 이는 각 지역에 배정된 지역번호 체계 덕분이었다. 예컨대 02는 서울, 051은 부산, 063은 전북을 나타냈으며, 이러한 번호 체계는 전화망의 구조와 지리적 구분을 반영한 것이었다. 이후 통신망 고도화와 행정 구역 조정에 따라 지역번호가 개편되기도 했으며, 이는 전화번호부의 구조와 발간 방식에도 영향을 주었다.

그러나 2000년대 이후, 인터넷과 스마트폰의 보급으로 전화번호부의 역할은 급속히 축소되었다. 검색 포털, 지도 앱, 인공지능 기반 음성비서가 전화번호와 생활 정보를 빠르게 제공하면서, 전화번호부는 점차 자리를 잃어갔다. 2010년대를 전후로 대부분의 지역에서 전화번호부 제작 및 배포가 중단되었고, 오늘날에는 일부 기록관과 박물관에서만 그 흔적을 찾아볼 수 있다.

사라진 목소리와 활자 – 기억 속의 안내 풍경

114 안내 서비스와 전화번호부는 단순한 정보 전달 수단이 아니었다. 수십 년간 국민의 일상 속에 깊숙이 자리 잡았던, 소통 문화의 상징이었다. 수년간 안내원으로 근무했던 한 직원은 이렇게 회고한다.

"하루에 700-800통은 기본이었죠. '서울역 근처 헌책방 번호 좀 알려줘요'처럼 정확한 상호 없이 물어보는 전화도 많았어요. 그래도 대부분 찾아드렸죠. 목소리 하나로 위로하고 도와드리는 일이었으니까요."

전화번호부 역시 단순한 목록 이상의 의미를 지녔다. 많은 가정에서는 전화기 아래 전화번호부를 비치했고, 주소록 대용으로 활용되었다. 광고면을 펼쳐 병원이나 음식점을 고르기도 했으며, 영화나 드라마에서는 탐정이나 기자가 전화번호부를 훑으며 단서를 찾는 장면이 자주 등장했다.

오늘날 우리는 AI 음성비서와 스마트폰을 통해 정보를 얻지만, 그 출발점에는 사람의 전화를 정성스럽게 응대하던 안내원의 목소리와, 촘촘히 인쇄된 전화번호부의 활자가 있었다.

디지털 시대의 풍요 속에서도, 우리는 한때 목소리로 정보를 전하고 종이로 사람을 찾던 그 아날로그적 풍경 속에서 소통의 진정한 의미를 되새길 수 있다. 114와 전화번호부는 단순한 서비스나 책자를 넘어, 시대를 연결했던 소중한 유산이자 기억의 상징으로 남아 있다.

제23장.
백색전화
– 전화가 재산이던 시절

1970년대 초, 대한민국의 도시들은 사람과 꿈으로 북적였다. 산업화와 도시화의 물결 속에서, 사람들은 더 빠르게, 더 멀리 연결되기를 바랐다. 하지만 전화선은 그 속도를 따라가지 못했다. 가정에서 전화 한 대를 설치하는 일은 마치 보물찾기와 같았다.

그때 전화는 단순한 통신 수단이 아니었다. 그것은 부와 지위를 드러내는 상징이자, 손에 넣으면 마음이 든든해지는 귀중한 자산이었다. 전화 설치권을 얻는 일은 경쟁이자 작은 모험이었고, 위장 전입이나 허위 주소 등록 같은 편법도 흔했다. 가족들은 전화 한 대가 집안의 운명을 바꿀 수 있다고 기대하곤 했다.

서울 성북전화국 관할 지역에서는 수요가 공급을 훨씬 웃돌았다. 그래서 1960년대 말, '공개 추첨제'가 시행되었다. 대광고등학교 운동장, 수백 명의 시민과 가족들이 모여 숨죽이며 추첨기를 바라보았다. 회전하는 추첨기에서 흰 공이 튀어나오는 순간, 환호와 탄식이 동

전화추첨광경 (1970년대)

시에 터져 나왔다. 전화 한 대가 가져다주는 기쁨과 절망이 그렇게 드라마틱하게 펼쳐졌다.

전화, 재산에서 이용권으로

전화 회선이 투기와 중개 대상이 되면서 사회적 문제가 커지자, 정부는 제도를 바꾸기로 했다. 1970년 9월 1일, 전화 회선의 법적 성격은 '재산권'에서 '이용권'으로 전환되었다. 회선 소유권은 국가에 있고, 국민은 사용 권리만 갖는다는 원칙이 명확히 천명된 순간이었다.

그 이전에는 설치비를 내면 회선이 개인 재산처럼 취급되어 자유롭게 거래가 가능했다. 하지만 이는 회선 투기의 온상이 되었다. 제도 변경 후 기준일 이전 설치 전화는 양도 가능한 '백색전화', 이후 설치 전화는 양도 금지된 '청색전화'로 구분되었다. 전화번호 등록카드가 흰색과 파란색으로 나뉘면서, 사람들은 자연스럽게 이를 백색전화와 청색전화라 불렀다.

백색전화, 그 값비싼 인기

그럼에도 백색전화의 수요는 식지 않았다. 오히려 희소성과 양도 가능성 때문에 가치가 더 높아졌다. 전국 곳곳에서 등장한 '전화상'들은 백색전화를 사고파는 중개업자로 활약했다. 한때 백색전화 한 대가 수백만 원, 때로는 200만 원을 넘어섰다. 당시 소형 아파트 한 채 값에 맞먹는 거액이었다.

강남 개발이 본격화되던 시기, 영동전화국 관할 지역의 백색전화 프리미엄은 천정부지로 치솟았다. "전화 한 대 값이 아파트 한 채 값"이라는 말이 회자되었고, 거래 시 첫 질문은 늘 "전화 있습니까?"였다. 상점이나 사무실의 전화 보유 여부는 단순한 편의가 아닌 신뢰와 생존을 좌우하는 조건이었다.

TDX와 자동화 – 누구나 누릴 수 있는 전화

1980년대 중반, 한국 전화 인프라는 커다란 전환점을 맞는다. 국산 TDX(전전자식 디지털 교환기)의 개발과 전국적 자동 교환 설비 도입으로, 전화 가입 절차는 간소화되고 회선 처리 속도는 눈에 띄게 빨라졌다. 1986년 부산 동래전화국에서 처음 상용화된 이후, 전국으로 확대되면서 대기 기간은 급격히 줄었고, 가입 경쟁은 점차 사라졌다.

이제 전화는 일부만의 자산이 아니라, 누구나 접근할 수 있는 공공서비스가 되었다. 백색전화의 프리미엄도 서서히 사라졌고, 1990년대에는 '백색전화'라는 이름조차 역사 속으로 사라졌다.

정보통신사적 의미

백색전화는 단순한 전화기가 아닌, 산업화 초기 통신 인프라 부족 속에서 나타난 사회적·경제적 현상을 상징한다. 전화 가입권이 재산이 되고, 투기와 중개가 성행하던 시절은 기술이 사회 구조와 얼마나 밀접히 연결되어 있는지를 잘 보여준다.

온 가족이 전화 한 대를 얻기 위해 수년간 기다리고, 당첨되면 집을 장만한 것처럼 기뻐하던 기억. 그것이 오늘날 우리가 당연하게 누리는 통신 인프라의 소중함을 다시금 일깨운다. 백색전화는 '기술이 특권에서 권리로 전환되는 과정'을 상징하는 통신사적 이정표였다.

제24장.
전보 이야기
– 짧지만 급했던 소통의 수단

전화와 인터넷이 보급되기 전, 긴급한 소식을 가장 신속하게 전할 수 있는 수단은 전보였다. 전보는 전신기를 이용해 문자를 전송하는 통신 방식으로, 발신자와 수신자가 직접 연결되지 않아도 전국 어디든 몇 분 만에 메시지를 전달할 수 있었다. 짧은 문장 하나가 사람들의 마음을 울리고, 기쁨과 슬픔을 함께 전했던 전보는, 당시로서는 획기적인 소통 수단이었다.

전보 기술의 진화 – 모스 부호에서 텔레타이프까지

전보의 역사는 모스 부호와 함께 시작되었다. 숙련된 전신 기사가 메시지를 점과 선으로 이루어진 부호로 타전하면, 수신국의 전신 기사가 이를 해독하여 전보용지에 손으로 작성했다. 송신과 수신, 해독과 전달이 모두 수작업으로 이루어진 이 초기 전보는 정확성과 숙련도를 요하는 노동집약적 통신이었다.

1960년대 초부터 **텔레타이프(TeleType)**가 도입되면서 전보 통신은 획기적인 전환점을 맞았다. 타자기처럼 생긴 인쇄 전신기는 키보드로 문자를 입력하면, 그 내용이 수신지에서 자동으로 인쇄되었다. 해독 실수를 줄이고 속도와 정확성을 비약적으로 향상시킨 텔레타이프는, 우체국 간 전보 교환을 훨씬 효율적으로 만들었다.

일상 속 전보 – '115'번과 배달원의 하루

전보를 보내기 위해 사람들은 가까운 우체국을 찾거나, 집이나 사무실에서 전화로 '115'번을 눌러 전보 내용을 구술했다. 짧은 문장을 어떻게 꾸밀지 잠시 고민하다가 "아버님 위독" 혹은 "오늘 승진" 같은 단호한 문장을 전했다.

접수원은 이를 또박또박 받아 적고 확인한 뒤 전송했다. 수신지 우체국에서 출력된 전보는 배달원 손에 쥐어졌다. 도시에서는 오토바이를 탄 배달원이 거리를 누볐고, 시골 마을에서는 자전거를 탄 집배원이 먼 산길을 달렸다.

전보 봉투를 손에 든 순간, 사람들은 메시지를 전해 받기 전부터 긴장과 기대에 가슴이 뛰었다. 한 장의 종이에 담긴 소식이 삶의 희로애락을 좌우하던 순간이었다.

경조사를 전하는 예절 – 약호 전보의 시대

전보는 글자 수에 따라 요금이 부과되었기 때문에 대부분 간결하게 작성되었다. 지나치게 축약된 표현은 의미 전달의 혼선을 초래하기도 했다. 이를 보완하기 위해 등장한 것이 **'경조 전보 약호'**였다.

약호 전보는 전화번호부 뒷면 등에 수록된 코드 예문을 불러주는 방식으로, 사전에 정해진 문구가 자동으로 입력되었다. 발신자는 전화로 '토도 1번'이라고 말하면, '기쁜 소식 듣고 진심으로 축하합니다'라는 내용이 수신자에게 전송되었다. 누구나 정중하고 격식 있는 문구를 손쉽게 전송할 수 있었던 이 제도는, 기술적 통신 수단에 한국 고유의 의례 문화를 접목시킨 사례였다.

결혼식장에서 줄지어 꽂힌 축하 전보, 밤늦게 도착한 부고 전보, 단 한 줄의 문장 속에도 발신자의 마음과 예절이 담겨 있었다. 전보는 단순한 정보 전달 수단이 아니라, 한국 사회의 생활과 문화를 이어주는 중요한 역할을 했다.

> **1970년대 자주 사용된 약호 전보 문구 예시**
> **토도(慶祝)**: 기쁜 소식 듣고 진심으로 축하합니다.
> **사가(弔意)**: 삼가 조의를 표하옵고 삼가 명복을 빕니다.
> **호모(婚姻)**: 결혼을 축하합니다.
> **이기(入學)**: 입학을 축하합니다.

무대에서 퇴장한 소통 – 전보의 마지막 인사

1980년대 이후 전화 보급률이 급증하고 통신 인프라가 고도화되자, 전보의 사용 빈도는 급격히 줄어들었다. 급한 소식은 직접 전화를 통해 전달되었고, 경조사 메시지는 카드와 우편으로 전해졌다. 이어지는 휴대전화 시대에는 문자메시지가 등장했고, 인터넷과 SNS가 보편화되면서 전보는 더 이상 필요하지 않게 되었다.

2006년, KT(한국통신)는 일반 전보 서비스를 공식 종료하였다. 한

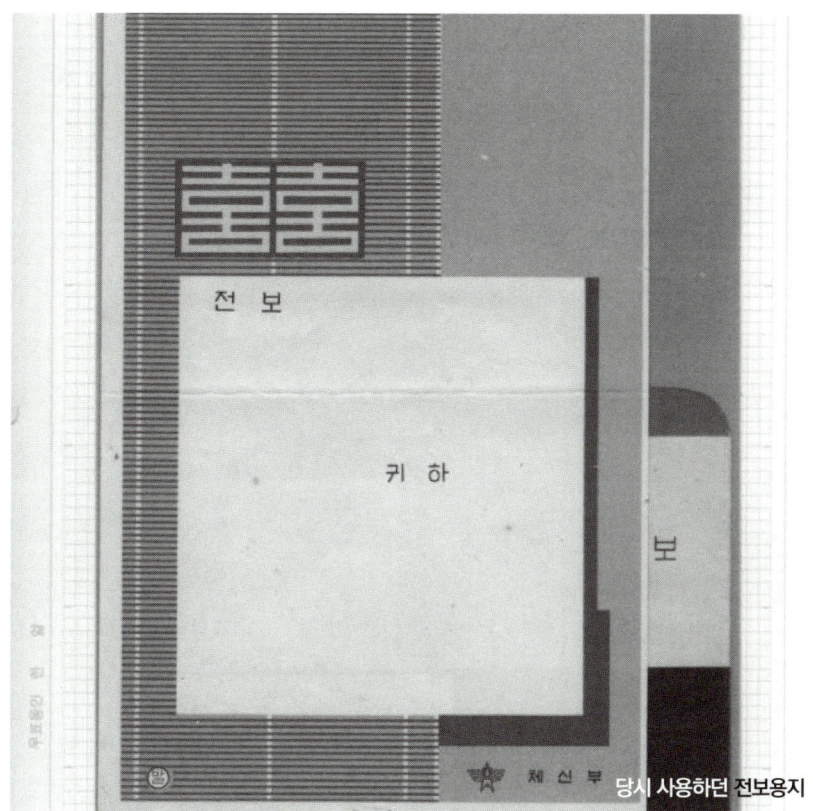

당시 사용하던 전보용지

세기 넘게 이어진 전보의 역사는 막을 내렸지만, 그 짧고 절박한 문장들은 여전히 한국 정보통신의 역사 속에 소중한 자취로 남아 있다.

짧은 문장에 담긴 연결의 역사

전보는 단순한 기술이 아니었다. 기술이 사람의 감정과 예절, 문화를 어떻게 담아낼 수 있는지를 보여준 생생한 사례였다. 점과 선으로 시작된 모스 전신, 기계가 인쇄한 축하와 조의의 문장, 배달원의 손에 들려 전해진 희로애락의 순간들. 그 모든 순간은 사람들의 생활과 문화를 함께 이어주는 작은 다리이기도 했다.

　오늘날 디지털 메시지로 이어지는 '연결의 역사' 속에 살아 있다. 전보는 말보다 먼저 마음을 전했던, 기술과 인간 사이의 가장 짧고 강렬한 소통의 흔적이었다.

제25장.
하이텔 이야기
– 모뎀으로 시작된 온라인 세상

　1990년대 초, 한국의 정보통신 환경에 조용한 혁명이 일어났다. 인터넷이 대중화되기 전, 전화선을 통해 컴퓨터와 컴퓨터를 연결하던 PC통신이 새로운 플랫폼으로 등장한 것이다. 음성 중심의 통신에서 벗어나 텍스트 기반의 쌍방향 정보통신이 가능해졌고, 이는 오늘날의 SNS, 포털, 온라인 커뮤니티의 원형이 되었다. 그 중심에 있던 대표적인 서비스가 바로 **하이텔(HiTEL, High Tech Telecom)**이었다.

모뎀과 텍스트의 시대 – PC통신의 출현

　1980년대 중반, 개인용 컴퓨터(PC)의 보급이 본격화되면서 새로운 통신 환경이 열렸다. 전화선을 이용해 컴퓨터 간 데이터를 주고받는 **모뎀(modem)**이 등장하며, 초기 형태의 온라인 통신 서비스인 PC통신이 태동했다.

　하이텔은 1986년 한국전기통신공사(KTA)가 시범적으로 서비스를 시작한 후, 1991년 5월 KT(한국통신)의 자회사 **한국PC통신(Korea PC Telecom, KPTC)**에 의해 상용화되었다. '하이텔'이라는 명칭은 'High'와 'Telecom'을 결합한 말로, 고급 정보통신 서비스를 지향함을 상징했다.

이용자들은 전화기 수화기를 모뎀에 올려놓고 특유의 '삐삐-' 소리를 들으며 접속했다. 잠시 후 흑백 화면에 메뉴가 나타나면, 숫자 '1'을 누르면 뉴스, '2'를 누르면 주식, '3'을 누르면 동호회로 이동하는 단순한 구조였지만, 당시로서는 새로운 세상으로 들어가는 문과 같았다.

초기에는 300bps에서 2,400bps 수준의 저속 모뎀으로 단순한 텍스트 정보를 주고받았으나, 이후 9,600bps, 14.4kbps급 모뎀이 보급되며 보다 다양한 정보 이용이 가능해졌다. 이용자들은 하이텔에 접속해 뉴스, 주식, 날씨 정보를 확인하고, 게시판·채팅방·동호회 활동을 통해 활발히 소통했다.

전화요금 폭탄 – 밤마다 울리던 모뎀음

PC통신은 일반 전화선을 사용해 접속했기 때문에, 사용 시간만큼 전화요금이 부과되었다. 특히 지방 거주자가 서울 서버에 접속할 경우 시외전화 요금까지 더해져, 당시로서는 큰 부담이었다.

이 때문에 많은 이용자는 전화요금이 저렴한 **심야 시간대(밤 11시-새벽 6시)**에 접속했고, 하이텔은 밤마다 더욱 활기를 띠는 '밤의 정보사회'가 되었다. 청소년과 직장인, 프로그래머, 작가 등 다양한 계층이 밤마다 게시판과 채팅방에서 모여 지식과 감성을 나누었다.

하이텔단말기

"띠띠띠~ 삐삐삐삐삐삐—" 하이텔 접속 시 들리던 이 특유의 모뎀 음은 그 자체로 디지털 세계로 진입하는 관문이었고, 그 시절 온라인 세대에게는 잊을 수 없는 상징이었다. 부모님 몰래 밤새 접속하다 전화요금 고지서를 보고 들키는 일은 당시 흔한 가정사의 풍경이었다.

하이텔의 인기 – 정보, 놀이, 관계의 플랫폼

하이텔은 단순한 정보 검색 서비스를 넘어, 이용자 중심의 열린 커뮤니티로 자리잡았다. 다음과 같은 기능이 특히 큰 인기를 끌었다. 특히 채팅은 1990년대 10-20대 젊은 층의 열광적인 참여를 이끌어냈다. '랜선 친구'라는 개념이 처음 등장했고, 채팅으로 맺어진 인연이 오프라인 모임이나 심지어 결혼으로 이어진 사례도 있었다.

동호회(소모임): 같은 관심사를 가진 이들이 자발적으로 모여 글을 올리고 토론하며 정보를 공유했다. 오늘날 온라인 카페나 포럼의 시초에 해당한다.
자료실: 프로그램, 게임, 음악(MIDI), 이미지 등 다양한 디지털 파일을 주고받는 창구였다.
전자우편(E-Mail): 회원 간 메시지를 주고받으며, 보다 개인화된 온라인 소통이 가능해졌다.
게시판과 채팅방: 익명성과 실시간성이 강조된 채팅방은 새로운 인간관계를 형성하는 공간이었다.
온라인 게임: 텍스트 기반의 퀴즈, 롤플레잉 게임(RPG)에서 체스, 바둑 등의 간단한 그래픽 게임까지 다양한 콘텐츠가 제공되었다.

PC통신 4대 천왕 – 경쟁과 전성기

1990년대 중반, 하이텔은 천리안, 나우누리, 유니텔과 함께 'PC통신 4대 천왕' 체제를 이루며 치열한 경쟁을 벌였다. 각 서비스는 콘텐츠 구성, 속도, 요금 정책, 사용자 인터페이스에서 차별화를 시도했고, 스타 운영자와 인기 게시판, 온라인 소설 연재 등을 통해 이용자 유입을 유도했다. 이 시기 등장한 독특한 문화가 바로 '사이버 유명인사' 현상이었다. 유머 게시판의 인기 필자, 연재 작가, 채팅방의 리더들은 수많은 팔로워를 거느리며 초기 사이버 문화의 주역이 되었다. 온라인 필명은 곧 개인의 정체성이자 명예였고, 이들을 둘러싼 팬덤과 논쟁은 오늘날 SNS 문화의 원형이었다.

인터넷 시대의 도래와 퇴장

1990년대 후반, 웹 브라우저(Netscape, Internet Explorer) 기반의 그래픽 웹 서비스가 등장하고, 초고속 인터넷(ADSL, 케이블망 등) 보급이 급속히 이루어지면서 텍스트 기반의 PC통신은 쇠퇴하기 시작했다. 하이텔은 웹 기반 서비스를 도입하며 변화에 대응하고자 했으나, 이용자 경험의 변화 속도를 따라잡기 어려웠다. 초고속 인터넷이 정액제로 제공되는 동안, PC통신은 여전히 시간당 요금 체계에 묶여 있었다. 결국 2004년, 하이텔은 천리안과 통합되며 공식적으로 역사 속으로 퇴장했다.

그러나 하이텔이 남긴 온라인 커뮤니케이션 문화, 사용자 주도 콘텐츠 생성, 디지털 공동체 개념은 이후 포털, 블로그, 카페, SNS로 자연스럽게 계승되었다. 하이텔은 단지 하나의 서비스가 아니라, 한국 디지털 사회의 뿌리가 되었다.

에필로그 – 모뎀음 너머의 추억

모뎀음과 함께 시작된 하이텔의 세계는 그 시절을 살아간 이들에게 단순한 통신 수단이 아니었다. 그것은 연결의 설렘이었고, 사회적 확장의 통로였으며, 디지털 문명의 시작이었다. 하이텔과 PC통신은 인터넷 이전의 온라인 사회 실험장이었다. 직접 콘텐츠를 만들고, 토론하고, 관계를 맺었던 그 경험은 오늘날 디지털 시대를 살아가는 우리 모두의 집단 기억으로 남아 있다. 모뎀음은 사라졌지만, 하이텔은 여전히 한국 디지털 사회의 첫 걸음을 증명하는 살아 있는 기억이다.

> 인터넷 상용화와 초고속정보통신망 구축은
> 단순한 기술적 진보에 그치지 않고,
> 대한민국 사회 전반의
> 구조적 변화를 이끌었다.

제5편
산업과 기술 그리고 성장

제26장.
대한민국 수출산업 발전의 첨병, 텔렉스(Telex)

– 산업화와 함께 도래한 국제 통신의 새로운 장

수출 시대, 새로운 통신 수단의 필요

　1970-80년대, 대한민국은 수출 주도형 경제 체제로 급속히 전환하며 '한강의 기적'이라 불리는 고도성장을 이루었다. 연평균 두 자릿수 수출 성장률의 이면에는, 빠르고 정확한 국제 통신 수단에 대한 절박한 필요가 있었다.

　수출입 계약, 신용장 조건 협의, 선적 지시, 환율 확인, 긴급 회신 등 무역 업무는 시간과 정확성이 핵심이었다. 그러나 기존의 국제 전화는 품질과 비용 문제를 안고 있었고, 전보나 항공우편은 물리적 시간 지연으로 실시간 대응이 불가능했다. 산업 현장과 무역 사무실은

보다 신속하고 안정적인 소통 수단을 간절히 필요로 했다. 이러한 시대적 요구에 부응하여 도입된 것이 바로 **텔렉스(Telex)**였다.

산업화 시대, '전보'에서 '텔렉스'로

19세기 후반 도입된 전신과 전보는 오랜 기간 국제 통신의 주된 수단이었으나, 전달 지연과 일방향성이라는 한계를 지니고 있었다. 이를 극복한 텔렉스는 '가입전신'이라 불리며, 전신 타자기(Tele-typewriter, TTY)를 통해 입력한 문장이 거의 실시간으로 상대방 단말기에 인쇄되는 국제 전신 시스템이었다.

기존 전보는 중간 매개자의 수기 전송과 해독이 필요했지만, 텔렉스는 사용자 간 직접 양방향 통신을 가능하게 했다. 담당자들은 철자 하나하나에 긴장하며 계약 조건을 입력했지만, 이러한 긴장감이 업무 효율과 신뢰도를 높이는 요인이 되었다. 텔렉스는 무역 현장에서 전보의 한계를 극복하며 새로운 국제 통신 표준으로 자리 잡았다.

텔렉스의 도입과 확산

대한민국 정부는 1960년대 중반부터 텔렉스 도입을 추진하였다. 1965년 12월, 체신부 주도로 국내 최초의 텔렉스 서비스가 개시되었고, 초기에는 서울 일부 대형 무역업체 중심으로 제한적 회선망이 운영되었다. 그러나 1970년대 들어 국제 회선이 확대되면서, 텔렉스는 세계 각국과 연결되는 글로벌 통신망으로 발전했다.

도입 초기에는 독일 지멘스(Siemens) 등 외국 장비에 의존했지만, 1970년대 후반부터 삼성전자와 금성사(현 LG전자) 등 국내 전자업체들이 전자식 단말기(DTE)와 자동 교환기를 개발하며 국산화를 본격 추진했다. 체신부는 기술 자립을 장려하고 시범 운용으로 장비 성능을 검증함으로써, 텔렉스의 안정성과 보급률을 동시에 높였다. 이러한 기술 자립은 텔렉스 확산뿐 아니라, 이후 국내 통신장비 산업 성장의 기반이 되었다.

수출산업의 신경망

텔렉스는 무역업체, 수출입은행, 항공사, 해운회사, 은행, 보험사 등 국제 업무를 수행하는 거의 모든 산업 분야에서 필수적 통신 수단이 되었다. 수출입 계약 교환, 신용장 조건 협의, 선적 스케줄 조정, 긴급 지시와 회신 등이 실시간으로 이루어지며 업무 속도는 비약적으로 향상되었다. 특히 섬유, 전자, 철강, 조선 등 1970-80년대 한국의 주력 수출 산업에서는 텔렉스가 국제 무역의 '신경망' 역할을 수행했다.

예를 들어 한 섬유 수출기업은 미국 바이어와 납기 조건을 협의하는 데 과거 며칠씩 걸리던 전보나 항공우편 대신, 텔렉스 도입 이후 단 몇 분 만에 수정안 협의와 확정이 가능해졌다. 결국 계약 이행률과 신뢰도가 높아졌고, 이는 곧 수출 경쟁력 강화로 이어졌다.

텔렉스 번호와 자동 교환 시스템

텔렉스 사용자는 국제 전신망 표준에 따른 고유 번호를 부여받았다. 예를 들어 '70321 KTPOL KR' 형식은 숫자 식별자(70321), 기관명 약어(KTPOL), 국가 코드(KR)를 포함하여 상대방의 소속과 국가를 명확히 구분할 수 있게 했다.

TELEX

　1980년대 중반, 국내 텔렉스 회선 수는 1만 회선을 돌파하며 전국 주요 기업과 기관이 도입했다. 체신부는 주요 도시에 텔렉스 전용 자동 교환기를 설치하여 국제 회선을 안정적으로 운용했고, 통신 품질은 크게 향상되었다. 이 자동 교환 기술은 이후 패킷 교환망과 전자문서 교환(EDI) 시스템 등 데이터 통신 자동화 기술의 기초가 되었다.

텔렉스의 쇠퇴와 남긴 유산

　1990년대 들어 텔렉스는 팩시밀리(Fax), 이메일, 인터넷 기반 통신 수단에 자리를 내주었다. 특히 이메일의 등장은 텔렉스를 급속히 대체했고, 2000년대 이후 텔렉스는 역사 속으로 사라졌다.

그러나 텔렉스는 단순한 통신 장비가 아니었다. 텔렉스는 대한민국 산업화의 기반이 된 실시간 국제 통신의 시작점이자, 정보통신기술과 무역 산업을 연결한 디지털 인프라였다. 기업 내 정보처리 자동화, 국제 업무의 표준화, 글로벌 네트워크 실시간 대응 체계를 가능케 한 선구적 도구였으며, 통신이 곧 산업 경쟁력이라는 인식을 처음 심어준 사례이기도 했다.

산업화 시대의 숨은 영웅

수출 100억 달러 달성과 무역 강국으로의 도약 뒤에는 텔렉스라는 조용한 통신 장비가 있었다. 타자기 앞에서 철자 하나하나를 입력하던 순간마다, 텔렉스는 단순한 기계를 넘어 수출 현장의 생명줄이자, 시간과 정확성의 상징이었다.

오늘날 스마트폰과 이메일로 언제 어디서나 글로벌 네트워크에 접속할 수 있지만, 그 첫 실시간 연결의 문을 연 존재는 바로 텔렉스였다. 산업화의 이면에서 흐르던 그 통신의 리듬은 오늘날 데이터 네트워크로 이어졌고, 대한민국 정보사회의 기반이 되었다. 우리는 그 조용한 첨병의 존재를 잊지 말아야 한다.

제27장.
무선호출기의 시대
– '삐삐'에서 스마트 호출 시스템으로

작은 기기의 등장 – 무선호출기의 시작

휴대전화가 대중화되기 전, 한국인의 호주머니에는 늘 작은 기기가 하나 들어 있었다. 정식 명칭은 **무선호출기(Pager)**였지만, 호출음을 흉내 낸 '삐삐'라는 이름이 곧 보통명사가 되었다.

우리나라의 무선호출 서비스는 1980년대 초, 한국전기통신공사(KTA)가 병원이나 금융기관, 대형 공장 등 특정 기관을 대상으로 초단파(VHF) 대역을 활용한 국소 호출망을 시범 운영하면서 시작되었다. 당시 삐삐는 응급 상황이나 신속한 업무 전파를 위한 효율적인 도구로 주목받았다.

이후 1984년 한국이동통신이 설립되면서 민간용 무선호출 서비스가 본격 상용화되었고, 1980년대 후반부터는 전국망이 구축되며 일반 대중에게 빠르게 확산되었다. 1989년에는 서울·수도권을 넘어 부산, 대구, 광주 등 지방 대도시로 호출 서비스가 확대되었다.

호출 방식은 단순했다. 발신자는 수신자의 호출기 번호로 전화를 걸어 자신의 전화번호나 약속된 숫자 메시지를 남기면, 수신자는 이를 확인한 뒤 공중전화 등으로 다시 연락을 취하는 구조였다. 당시로서는 간편하고 신속한 혁신적 연락 수단이었다.

삐삐는 기술적으로도 진화했다. 초기의 단순 숫자 디스플레이형에서 시작해, 이후에는 한글 문자 수신, 진동 알림, 예약 호출, 메시지 저장 기능 등이 추가되었다. 1990년대 중반 이후 등장한 제품들은 LCD 화면에 한글 메시지를 표시할 수 있어 실용성과 감성 전달력을 동시에 갖추게 되었다.

전성기의 기억 – 감성과 실용의 매개체

1990년대 초·중반, 무선호출기는 전성기를 맞았다. 한국이동통신 외에도 나래이동통신, 서울이동통신, 한솔텔레콤, 신세기이동통신 등 민간 사업자들이 시장에 뛰어들며 서비스 품질이 높아지고 요금도 낮아졌다. 1997년에는 가입자 수가 약 1,400만 명에 달해 국민 세 명 중 한 명이 사용할 정도였다.

특히 청소년과 젊은 층 사이에서는 숫자 조합을 통한 '감성 코드' 문화가 확산되었다. 문자 입력 기능이 없던 한계를 넘어 만들어진 숫자 언어는 단순한 통신을 넘어 감정을 담아내는 상징이 되었다.

8282 → **빨리빨리**	1004 → **천사** (연인에 대한 애칭)
486 → **사랑해**	7942 → **친구 사이**

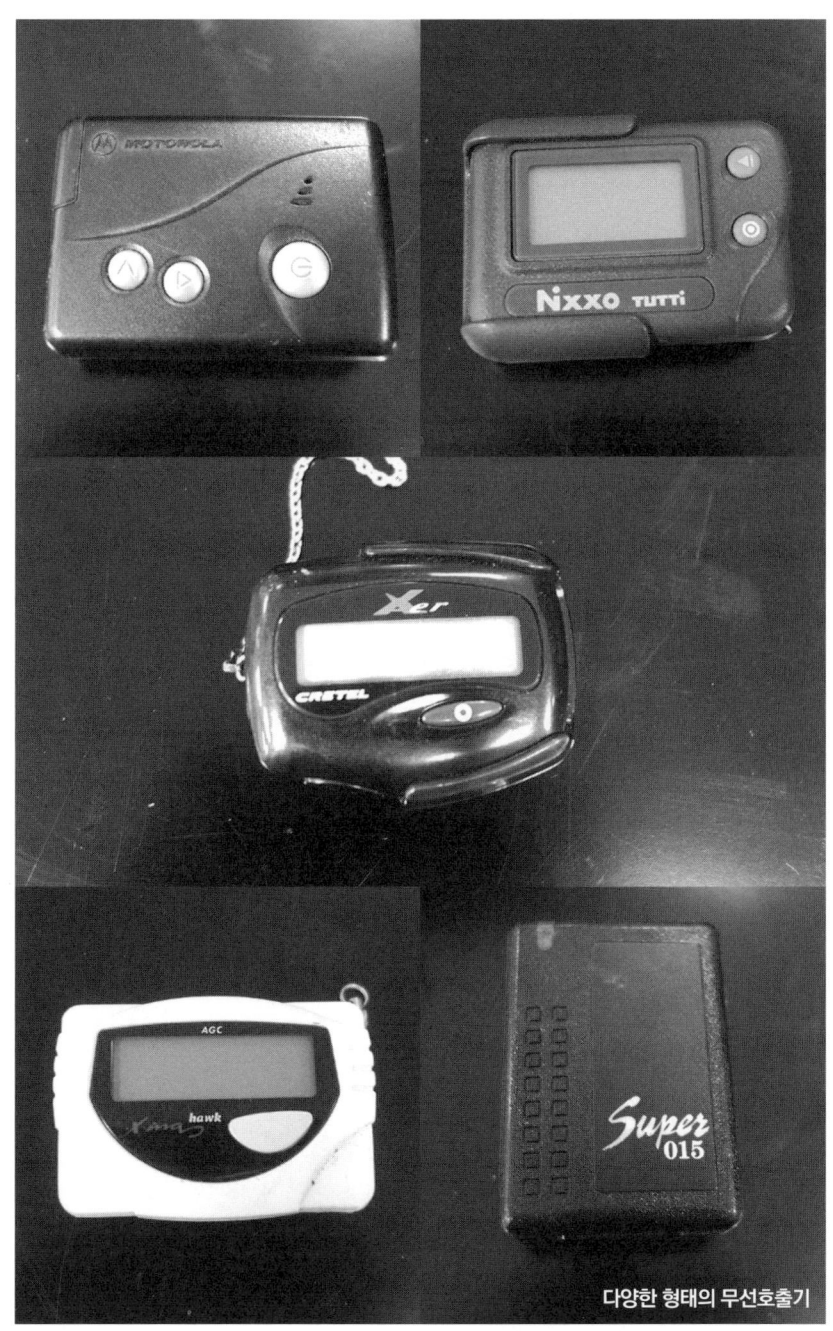

다양한 형태의 무선호출기

라디오 DJ는 청취자의 삐삐 메시지를 읽어주었고, 잡지와 가요, TV 예능 속에서도 숫자 코드는 유행어처럼 퍼졌다. 삐삐는 단순한 통신 기기를 넘어, 젊은 세대의 정서를 담아내는 문화 아이콘으로 자리매김했다.

동시에 삐삐는 병원, 택시회사, 대리운전, 방송국 등에서도 긴급 업무 전파와 인력 관리에 없어서는 안 될 실무 도구였다. 삐삐는 소통의 도구이자 실시간 협업의 매개체로 그 효율성을 인정받았다.

에피소드 ① | 책상 서랍 속 '486'
"수업 시간에 책상 서랍에서 몰래 삐삐를 꺼내 확인하다가 선생님께 들켜 압수당한 날, 화면에는 '486'이라는 숫자 하나가 남아 있었다."

에피소드 ② | 의사의 젓가락을 멈추게 한 호출음
"의사가 삐삐를 차고 다니던 시절, 응급 호출이 오면 식사 중이던 젓가락도 내려놓고 병원으로 달려갔다."

에피소드 ③ | '8282'의 긴박감
"공중전화 앞에 줄 서 있다가 삐삐로 '8282'가 오면, 그 다급한 마음에 심장이 먼저 반응하던 시절이 있었다."

퇴장의 시작 – 디지털 이동통신의 등장

무선호출기의 전성기는 오래가지 못했다. 1996년 개인휴대통신(PCS)과 디지털 휴대전화 서비스가 등장하면서 상황은 급격히 바뀌었다. 음성 통화뿐 아니라 문자 메시지(SMS)까지 가능한 휴대전화에 비해, 삐삐는 곧 '답장을 못 하는 기기'로 불리며 뒤처지기 시작했다.

1997년 IMF 외환위기 이후 이동통신 시장 재편과 요금 인하, 단말기 보조금 경쟁이 본격화되면서 휴대전화의 대중화 속도는 더 빨라졌다. 삐삐 가입자 수는 1997년 정점을 찍은 후 급격히 감소했다.

2010년대 들어 삐삐 사용자는 수천 명대로 줄었고, 2019년 12월 KT(한국통신)가 마지막으로 운영하던 무선호출 서비스를 종료하면서 '삐삐 시대'는 역사 속으로 완전히 퇴장했다.

호출 문화의 확장 – 진동벨과 키오스크

삐삐는 사라졌지만, '간접 호출'의 개념은 형태를 달리해 오늘날까지 이어졌다. 음식점과 병원에서 사용하는 진동벨, 은행·영화관·관공서의 대기 순서 알림 시스템이 그 예다. 이는 삐삐의 원리를 계승하면서, 더 자동화되고 사용자 친화적으로 발전한 호출 문화였다.

음식점: 키오스크 주문 → 진동벨 수령 → 음식 준비 시 호출
병원: 접수 후 대기 → 전광판 또는 진동벨 호출
은행·영화관: 대기표와 연동된 입장 알림

디지털 호출 시스템으로의 진화

오늘날의 호출 시스템은 BLE(저전력 블루투스), 와이파이, 스마트폰 앱, 푸시 알림 등 디지털 기술을 기반으로 정교하게 진화하고 있다. 호출은 단순한 '부름'을 넘어 상황 인식, 사용자 맞춤, 대기 시간 관리까지 포괄하는 통합 커뮤니케이션 도구가 되었다.

> **병원**: 예약 환자에게 앱 푸시 알림 전송
> **대형 매장**: BLE 기반 위치 인식으로 맞춤형 프로모션 발송
> **음식점**: 태블릿 주문기와 진동벨 연동
> **관공서·은행**: 모바일 대기표 발급 및 입장 알림 서비스 운영

맺음말

비록 '삐삐'는 기술의 발전과 함께 역사 속으로 사라졌지만, '누군가를 부른다'는 인간의 욕망은 여전히 살아 있다. 숫자로 감정을 전하던 삐삐의 소통 문화는 진동벨과 키오스크를 거쳐, 이제는 스마트폰 알림과 앱 푸시 속에서 이어지고 있다. 무선호출기는 단순한 통신기기를 넘어, 신속한 호출이라는 개념이 만들어낸 시대의 상징이었다.

제28장.
휴대전화의 대중화
– 손안의 세상을 열다

처음 손에 쥔 전화 – 이동통신의 시작

우리나라에서 휴대전화가 처음 등장한 것은 1980년대 말이었다. 당시 사용된 기술은 아날로그 방식의 1세대 이동통신(1G)으로, 서비스 지역은 서울 등 일부 대도시에 한정되었다. 지금의 휴대전화라기보다는 '이동전화'에 가까웠다.

단말기는 벽돌만큼 크고 무거웠고, 배터리는 몇 시간도 가지 못했다. 통화 품질도 일정하지 않았으며, 요금은 일반 대중이 감당하기 어려울 만큼 비쌌다. 차 안에 장착한 '카폰(차량용 전화)'이 일반적이었는데, 운전석 옆에 놓인 본체와 수화기는 유선전화기를 옮겨놓은 듯한 모습이었다. 차가 멈춰야만 통화가 가능했으니, 그야말로 '움직이는 유선전화'였다.

이동전화를 가진다는 것은 곧 지위와 부의 상징이었다. 거리에서 커다란 휴대전화를 들고 통화하는 모습은 하나의 '권력 연출'로 비쳤고, 일부 기업 임원이나 영업 사원들이 업무용으로 활용하는 정도였다.

디지털로의 전환 – 대중화의 문을 열다

1996년, 한국은 세계 최초로 CDMA 기술을 상용화하는 데 성공했다. 디지털 방식은 아날로그보다 통화 품질이 뛰어나고 보안성이 강하며, 데이터 처리 능력까지 갖추고 있었다. 같은 해 시작된 PCS 서비스는 단말기를 더 작고 가볍게 만들었고, 요금도 현실화되었다.

서비스 지역 확대, 통화 품질 개선, 단말기의 소형화가 맞물리면서 휴대전화는 빠른 속도로 대중 속으로 확산되었다. 1990년대 후반에는 대학생과 직장인이 주 사용층이 되었고, 2000년대에 들어서면서는 초·중·고 학생들까지 사용하기 시작했다.

특히 1997년 외환위기라는 국가적 위기 속에서도 이동통신 가입자는 줄지 않고 오히려 늘었다. 많은 가정이 허리띠를 졸라매던 시기였지만, 연결과 정보는 삶을 지탱하는 필수 요소로 인식되었기 때문이다. 휴대전화는 그만큼 사회적 인프라로서의 중요성을 드러냈다.

삐삐에서 휴대전화로 – 기다림에서 즉시 연결로

1990년대 초반까지 젊은 세대와 직장인에게는 삐삐(무선호출기)가 필수였다. 호출번호가 남으면 공중전화 앞으로 달려가 다시 전화를 걸어야 했고, 메시지는 숫자로 감정을 표현했다. '1004(천사)', '8282(빨리빨리)' 같은 숫자 언어가 사랑과 일상 속에 스며들었다.

하지만 삐삐는 어디까지나 '일방향 통신'이었다. 긴급한 상황이나

자동차에 장착된 카폰

감정의 순간에는 즉시 대응하기 어려웠다. 이러한 한계를 뛰어넘은 것이 휴대전화였다. 소형 단말기의 등장, 요금 인하, 품질 개선이 이루어지면서 삐삐는 빠르게 자취를 감췄다.

문자메시지(SMS)의 도입은 결정적이었다. 이제 숫자가 아니라 글자로 마음을 표현할 수 있었고, 삐삐 세대가 누리던 숫자 언어는 곧 문자 언어로 대체되었다. "ㅋㅋ, ㅇㅇ, ㄱㄱ" 같은 축약 표현은 새로운 소통 문화를 낳았다.

> **에피소드 | 내 첫 문자**
> "'집 앞이야.' 단 세 글자가 그렇게 설레일 줄 몰랐다. 삐삐 시절에는 느낄 수 없던 감정이었다. 문자가 생기고 나서야, 말보다 더 많은 것을 전할 수 있다는 걸 알게 됐다."

휴대전화가 바꾼 일상

휴대전화는 우리의 생활 풍경을 송두리째 바꾸었다. 약속 장소에서 상대를 찾아 헤매던 모습, 공중전화 앞에서 줄을 서던 풍경은 사라졌다. 부모와 자녀, 상사와 직원은 언제 어디서든 연결될 수 있었다.

길거리, 버스, 식당, 심지어 교회와 강의실에서도 벨소리가 울려 퍼졌고, 이는 곧 사회적 논란을 불러일으켰다. 하지만 동시에 비즈니스 현장은 빨라졌고, 언론은 시민 제보를 활용해 참여형 보도를 시작했다. 휴대전화는 단순한 기기가 아니라 '정보 접근과 연결'을 가능하게 한 사회적 인프라였다.

디자인과 기능의 진화

1990년대 말부터 2000년대 초까지 휴대전화는 해마다 새로운 기능과 디자인으로 진화했다. 모노크롬 LCD는 컬러 화면으로, 통화 기능에 카메라·MP3·모바일 게임까지 더해졌다. 폴더폰을 펼칠 때의 '찰칵' 소리는 세대를 상징하는 기억이 되었고, 슬라이드폰과 회전형 폰은 개성과 유행을 반영했다. 연예인 광고 모델이 내세운 신제품은 젊은 세대의 '필수품'으로 여겨졌다. 휴대전화는 더 이상 단순한 통신 수단이 아니라 '라이프스타일 디바이스'가 된 것이다.

통신사 경쟁과 서비스 전략

급성장하는 이동통신 시장에서 SK텔레콤, KTF(한국통신프리텔), LG텔레콤은 치열하게 경쟁했다. 다양한 요금제, 멤버십 혜택, 단말기 보조금이 쏟아졌고, '통화품질 1등', '문자 무료', '데이터 무제한' 같은 광고 문구가 대중의 기억에 남았다.

> **에피소드 | 대리점의 풍경**
> "신모델이 출시되는 날이면 새벽부터 줄을 서는 사람들로 대리점 앞은 북적였다. 첫 개통자를 위한 사은품, 번호표 경쟁, 매장 직원의 안내 방송이 뒤섞여 작은 '휴대전화 축제'가 벌어졌다."

스마트폰으로 가는 길목에서

2000년대 중반까지 휴대전화는 문자, 사진, 음악, 게임을 품으며 발전했지만, 2009년 아이폰 출시로 본격적인 스마트폰 시대가 열렸다. 기존 휴대전화가 음성과 문자 중심의 '수동형 기기'였다면, 스마트폰은 앱을 통해 사용자가 능동적으로 콘텐츠를 소비하고 생산하는 '플랫폼'이었다.

스마트폰 이전의 폴더폰과 슬라이드폰은 한 세대의 감성과 추억을 담았다. 그 속에는 수많은 메시지와 사진, 음악이 저장되어 있었고, 휴대전화는 기술을 넘어 '기억의 그릇'이었다.

삐삐에서 시작해 손안의 세상을 펼친 휴대전화는, 이후 스마트폰으로 이어지는 거대한 도약의 디딤돌이 되었다. 그것은 단순한 기기의 진화가 아니라, 우리 사회의 소통 방식과 문화를 송두리째 바꾼 혁명이었다.

제29장.
TDX 개발 이야기
– 우리 손으로 만든 교환기, 정보통신 독립의 신호탄

전화 대기자 수백만 명, 절박했던 1980년대 초

　1980년대 초, 한국 사회는 급증하는 전화 수요에 직면했다. 전화 한 대를 신청하고 설치받기까지 몇 년이 걸리는 일이 흔했고, 전국의 전화 가입 대기자는 100만 명을 넘어섰다.

　더 큰 문제는 전화국의 핵심 장비인 교환기의 대부분이 고가의 외국산 장비에 의존하고 있었다는 점이었다. 이런 구조로는 전화 보급 확대는 물론, 국가 통신망의 안정성과 자립성도 보장할 수 없었다.

　전자식 교환기의 국산화는 단순한 기술 확보를 넘어, 정보통신 주권을 위한 절박한 과제로 떠올랐다. 이러한 시대적 요청 속에서 시작된 도전이 바로 TDX(전전자식 디지털 교환기) 개발 사업이었다.

"전화는 우리 손으로" – TDX 개발의 시작

1981년, 정부는 '**정보산업 육성 10개년 계획**'을 수립하고, 전자식 교환기의 국산화를 국가 전략 과제로 채택했다. 개발 주체로는 한국전기통신공사(KTA)와 한국전자기술연구소(ERTI)가 선정되었고, 삼성전자·금성사(현 LG전자)·현대전자 등 주요 민간 기업들도 참여하였다.

개발 총책임자는 당시 한국전자기술연구소 개발단장이었던 양승택 박사였다. 그는 "외국 기술을 흉내 내는 것이 아니라, 우리 실정에 맞는 독자적 교환기를 개발해야 한다"며 기술 자립에 대한 강한 의지를 밝혔다. 경험과 인프라가 부족한 상황에서, 한국형 전자식 교환기 개발은 사실상 맨땅에서 시작되었다.

1984년 TDX-1 개발로 한국은 세계에서 열 번째로 자체 전자식 교환기를 개발한 나라가 되었다. 당시 전자식 교환기를 독자적으로 개발한 국가는 소수 선진국뿐이었으며, 개발도상국 중에서는 거의 유일했다. 이는 단순한 기술 달성을 넘어, 국가 통신망 자립과 정보통신 주권 확보의 상징이었다.

세계 10번째, TDX-1의 탄생

한국은 전자식 교환기에 대한 기술적 기반이 거의 전무했다. 개발자들은 어렵게 입수한 외국 기술 자료를 밤새 분석하며, 회로 설계와 제어 소프트웨어까지 기초부터 하나하나 쌓아 올려야 했다.

"국산화는 불가능하다"는 비관적인 시선도 많았지만, 개발팀은 기술 독립의 열망을 동력 삼아 한 걸음씩 전진했다. 그 결실은 1984년

1월, TDX-1 시제품 완성이었다. 같은 해 5월 경기도 용인 전화국에서 국산 TDX를 통한 첫 통화가 성공적으로 이루어졌고, 이는 대한민국 정보통신 기술 자립의 상징적 순간이었다.

진화하는 교환기 – TDX-1A에서 TDX-10까지

TDX는 단일 모델이 아닌, 지속적인 기술 개선과 현장 적용을 통해 점진적으로 발전했다. TDX의 기술 진보는 단순 모델 업그레이드가 아닌, 한국 정보통신 산업의 구조적 성장을 반영하는 결과였다. 개발팀은 회로 설계와 소프트웨어 코드를 밤새 분석하며, 초기 시제품에서 발생한 통화 오류와 시스템 폭주를 수없이 수정했다. PCB 납땜으로 손가락이 까맣게 물들었던 연구원들의 노력은 TDX 성공의 밑거름이 되었다.

> **TDX-1A**: 소규모 전화국에서 실증 테스트용
> **TDX-1B**: 대도시 전화국 수요 대응, 본격 상용화 전환점
> **TDX-10**: 1987년 상용화, 전국 주요 전화국 도입, 안정성과 확장성 확보

민·관·학 협력의 성공 사례

TDX 개발은 정부(정책), 공기업(운영), 연구소(개발), 민간 기업(생산), 학계(인재 양성)가 유기적으로 협력한 대표적 성공 사례였다. 이 협업 체계는 TDX를 단순 기술 개발이 아닌, 국가적 기술 독립 프로젝트로 승화시켰다.

TDX 도입 이후, 전화 대기가 해소되면서 중소기업 거래, 신문사

Total Digital eXchange, 전전자식 디지털 교환기

취재, 학교 행정까지 속도가 빨라졌다. 단순한 장비 개발을 넘어, 국민 생활과 산업 활동에 직접적인 영향을 미친 기술적 성취였다.

한국전기통신공사(KTA): 교환기 운용 실무와 현장 테스트 주도
한국전자기술연구소: 회로 설계, 제어 소프트웨어 등 핵심 기술 개발
삼성전자, 금성사, 현대전자, 대우전자: 시제품 제작 및 양산
국내 대학들: 전문 인력 양성 및 연구 협력
중소기업들: TDX 부품 국산화 참여, 산업 생태계 확대

TDX가 남긴 것들
전화 대기 해소: 수백만 명에 달하던 전화 대기가 빠르게 해소
외화 절감: 고가 수입 장비 대신 국산 장비 사용, 해외 수출 가능성 확보
기술 자립 기반 마련: 한국 정보통신 기술 수입국 → 자립국 도약, CDMA·초고속인터넷·5G로 이어지는 기반

기억에 남는 순간들
첫 개통식 (1984. 5.): 용인 전화국에서 국산 TDX 첫 통화, 개발자들의 감격
한국전자기술연구소 연구소의 밤샘 작업: 시험과 실패 반복, 기술 완성까지의 땀
'혈서 전설'의 진실: 실제는 체신부 장관에게 제출한 기술 독립 각서였음
외국 사절단 방문: 아시아·중동 국가에 한국 통신 기술 소개, 일부 국가 도입 협상 진행

그 이후
– 기술 독립의 씨앗에서 미래 통신의 밑거름으로

TDX는 1990년대 후반부터 IP 기반 차세대망(NGN)으로 점차 대

체되었지만, 여전히 **'우리 손으로 만든 최초의 통신망 심장'**으로 기억된다. TDX 프로젝트는 장비 개발을 넘어, 한국 정보통신 기술 근대화와 자립화를 이끈 결정적 분기점이었다. 수입국에서 수출국으로, 기술 종속에서 기술 주도국으로. 그 출발점에 바로 TDX가 있었다.

제30장.
광케이블 이야기
– 빛으로 연결된 정보의 길

전기의 한계를 넘어, 빛으로

1970년대까지 우리나라 통신망은 구리선 기반 전화선, 동축케이블, 마이크로웨이브(M/W) 전파에 주로 의존했다. 이러한 전송 방식은 음성 통화에는 충분했지만, 데이터 통신 수요가 급증하면서 점차 한계를 드러냈다. 고속·대용량·장거리 전송에 대한 요구가 커지자 전기를 뛰어넘는 새로운 매체를 모색했고, 그 해답은 '빛'에 있었다.

빛은 전자기파의 일종으로, 전파보다 훨씬 높은 주파수를 가지며, 매우 빠른 속도와 넓은 대역폭을 제공한다. 이를 정보 전달에 활용하면 구리선보다 수백 배 많은 데이터를 더 멀리, 더 빠르고 안정적으로 전송할 수 있다. 1970년대 미국과 일본에서 광통신 기술이 실용화되기 시작했고, 1980년대에는 전 세계 통신 인프라를 혁신하는 핵심 기술로 자리 잡았다.

광섬유의 원리와 구조

광통신의 핵심은 **광섬유(Fiber Optic)**다. 머리카락보다 가는 유리나 플라스틱 실로 만든 광섬유는 '전반사(Total Internal Reflection)' 원리를 이용해 빛을 내부에 가두고 외부로 새지 않게 반사시켜, 수 킬로미터 이상 신호를 전송할 수 있다.

광섬유는 빛이 실제로 통과하는 중심부인 코어(Core)와 코어를 감싸며 빛이 외부로 빠져나가지 않도록 반사시키는 외곽층인 클래딩(Cladding)이라는 두 부분으로 구성된다. 광섬유는 레이저나 LED에서 발사된 디지털 신호 형태의 빛을 거의 손실 없이 전달하며, 전자기 간섭에도 영향을 받지 않는다. 덕분에 장거리·고속 통신에 이상적인 매체로 주목받으며 유선 통신의 주역으로 부상했다.

국내 최초의 광통신 실험

1980년대 초, 체신부와 한국전기통신공사(KTA)는 광통신 기술의 잠재력에 주목하고 본격적인 실험과 도입에 나섰다. 그 시작은 1984년 서울-수원 간 12km 구간에 광케이블을 설치해 음성과 데이터를 성공적으로 전송한 사례였다. 이는 국내 최초의 광케이블 전송 성공으로, 국내 광통신 시대 개막을 알리는 상징적인 사건이었다.

1986년부터 서울 시내 교환국 간 광케이블 설치가 시작되면서, 디지털 교환기와 연계된 고속 데이터 전송이 가능해졌다. 아날로그 중심의 통신망에서 디지털 기반 광통신망으로의 전환이 본격화된 순간이었다.

전국으로 확산된 광망

1988년 서울올림픽은 우리나라 통신 인프라 고도화의 결정적 전환점이었다. 국제 대회의 성공적 개최를 위해 전국 주요 도시 간 고속 통신망 구축이 시급했고, 이에 따라 광케이블 기반 간선망이 빠르게 확충되었다. 이를 통해 대한민국은 세계 최고 수준의 고속 통신망을 갖추게 되었고, 이후 ADSL, VDSL, FTTH, IPTV(인터넷 기반 방송 서비스), 5G 등 다양한 첨단 통신 서비스가 가능해졌다.

> **1988-1993년**: 전국 시·도 간 간선망 광케이블 전환
> **1995년**: 전국 모든 시·군 광케이블 연결 완료
> **2000년경**: 읍·면 단위까지 광케이블 기반망 확장

광케이블, 바다를 건너다

국내 광통신망 안정화 이후 국제 통신망도 광케이블 기반으로 전환됐다. 이전에는 위성 중계와 동축 해저 케이블이 주로 사용되었지만, 1990년대 해저 광케이블이 국제 통신 핵심 인프라로 부상했다.

2000년대 이후에는 Tbps(테라비트급) 속도를 지원하는 해저 광케이블이 구축되며, 글로벌 인터넷 트래픽, 스트리밍, 클라우드 서비스, 국제 금융망 등 초고속 국제 통신의 핵심 기반이 되었다.

> **주요 해저 광케이블**
> **K-J 케이블**: 한국-일본 연결
> **APCN (Asia-Pacific Cable Network, 1997)**: 아시아·태평양 주요국 연결
> **TPC-5 (Trans-Pacific Cable-5, 1996)**: 한국-미국 고속망

오늘날의 광통신 – 집과 기지국으로

1990년대 말 이후, 광케이블은 국가 간선망을 넘어 일반 가정과 기업에 직접 연결되는 가입자망(액세스망)으로 확장됐다. FTTH 보급으로, 가정에서도 초고속 인터넷, IPTV, VoIP(인터넷 전화) 서비스를 광섬유를 통해 이용할 수 있게 되었다.

5G 시대에는 기지국 간 고속 연결을 위한 백홀(Backhaul) 네트워크에서도 광케이블이 필수 요소로 자리 잡았다. 데이터센터, 스마트팩토리, AI 서버, 클라우드 인프라 등 ICT(정보통신기술) 산업 전반에서 광케이블은 핵심 인프라로 기능한다.

에피소드 | 섬과 산골에 닿은 빛 한 줄기

1996년, 전라남도 신안군 임자도에 해저 광케이블 설치 공사가 진행됐다. 거센 조류, 넓은 갯벌, 낮은 수심 등 악조건 속에서도 공사는 성공적으로 완료되었고, 임자도는 디지털 통신망으로 연결되며 전화, 팩스, 인터넷을 동시에 사용할 수 있게 되었다. 이를 통해 주민들의 생활과 행정, 교육, 의료 환경이 크게 개선됐다.

같은 시기 강원도 정선, 경북 봉화 등 산골 지역에도 광케이블이 설치되어 정보 격차를 해소하고, 원격 행정·의료 서비스까지 가능하게 했다. 광케이블은 단순한 기술이 아니라, 사람과 사람, 사회와 미래를 연결하는 사회적 연결망임을 보여준 사례였다.

정리 요약

광케이블은 우리나라 정보통신사에서 획기적인 전환점이 된 기술이다. 고속·대용량·장거리 전송이 가능해지면서 인터넷, 모바일, 클라우드, AI 등 정보화 시대 핵심 서비스가 '빛의 길' 위에서 가능해졌다. 앞으로도 광케이블은 양자암호통신, 초고주파 광통신 등 미래 기술과 융합하며, 끊임없이 진화하는 정보의 대동맥으로 기능할 것이다.

제31장.
인터넷 상용화와
초고속정보통신망 구축
– 정보화 사회로의 문을 열다

1990년대 초, 대한민국은 본격적인 정보화 사회로의 전환점을 맞이하였다. 1980년대 후반부터 시작된 컴퓨터 보급과 전산망 연결은 단순한 기술적 진보를 넘어 사회 구조 전반에 중대한 변화를 불러왔다. 그 중심에는 인터넷의 상용화와 초고속정보통신망 구축이라는 두 축이 있었다. 이 두 흐름은 대한민국이 디지털 강국으로 도약하는 데 결정적인 기반이 되었다.

인터넷의 문을 열다 – 민간으로 확장된 네트워크

인터넷은 처음부터 대중을 위한 도구는 아니었다. 국내에서는 1982년 5월, **서울대학교와 한국전자기술연구소(ERTI)**가 PDP-11(16비트 미니컴퓨터)을 TCP/IP 방식으로 연결하며, **국내 최초 인터넷 기**

반 네트워크 'SDN(Scientific Data Network)'을 구축하였다. 이는 순수한 연구 목적의 실험적 네트워크였다. 이후 1980년대 후반에는 KAIST, 포항공대, 한국전산원이 참여한 **KREONet(Korea Research Environment Open Network)**이 구축되며, 학술기관 간 데이터 교류가 본격화되었다. 그러나 이러한 네트워크는 전문가 집단에 한정되었고, 일반 국민의 정보 접근은 제한적이었다.

전환점은 1990년 3월, 한국전산원이 국내 기업의 인터넷 사용을 허용하면서 찾아왔다. 민간 인터넷 서비스 제공이 가능해지자, 유니텔, 나우콤, 아이네트 등 다양한 업체가 시장에 진입하였다. 당시 인터넷 서비스는 이메일, 파일 전송(FTP), 뉴스그룹 등 텍스트 중심 기능이 주를 이루었다.

1993년, 모자이크(Mosaic) 웹 브라우저와 **월드와이드웹(WWW)**이 공개되면서, 인터넷은 단순 텍스트 기반에서 시각적 경험을 제공하는 플랫폼으로 발전하였다.

한편, 인터넷 대중화의 전초기지는 PC통신 서비스였다. 하이텔, 천리안, 나우누리 등은 모뎀을 이용해 전화선으로 접속하여 게시판, 채팅, 게임, 자료실 등 다양한 콘텐츠를 제공했다. 많은 이용자들이 PC통신을 통해 컴퓨터 네트워크를 처음 접하고, 자연스럽게 인터넷 환경으로 이동할 수 있는 기반이 형성되었다.

국가 전략으로 떠오른 초고속정보통신망

1993년, 정부는 정보화 사회 진입을 국가 발전 핵심 과제로 인식하였다. 같은 해 제정된 「**정보화촉진기본법**」은 정책 추진의 출발점이 되었고, 1994년에는 「**초고속정보통신기반 조기구축 종합계획**」이 수립되었다. 이는 교육·행정·산업 등 사회 전 분야의 디지털화를 위한 기반 인프라를 조기에 구축하겠다는 국가 전략이었다.

정부는 이를 3단계로 추진하였다. 1995-1997년 동안 기반 기술 개발, 법령 정비, 시범사업 수행 등을 진행하는 1단계, 1998-2002년까지 초고속인터넷 서비스 전국 확대, 공공기관 연결을 목표로 한 2단계, 2003-2010년까지 전 국민이 이용 가능한 보편적 초고속 통신망 완성을 목표로 한 3단계 계획이 바로 그것이다.

이를 위한 민간 참여를 유도하기 위해 투자 세액공제, 연구개발 지원, 기반시설 공동 활용, 행정 절차 간소화 등 다양한 정책적 유인책이 마련되었다. KT(한국통신), 하나로통신, 한국데이콤(DACOM) 등 주요 통신사업자가 참여하며, 1998년부터 초고속인터넷 보급이 본격화되었다.

초고속인터넷의 확산과 생활의 변화

초기 초고속인터넷은 기업용 전용선 기반 서비스가 중심이었으나, 기술 발전과 함께 **ADSL**이 상용화되면서 가정용 인터넷 보급이 급속히 확대되었다.

KT는 1999년부터 '메가패스(MegaPass)' 브랜드를 통해 가정용 시장에 진출했고, 하나로통신은 아파트 단지를 중심으로 이더넷 기반 서비스를 확산시켰다. 2000년대 초, 국내 초고속인터넷 가입자는

1,000만 명을 돌파, 세계 최고 수준에 도달하였다.

인터넷은 단순한 통신 수단을 넘어 삶의 방식을 바꾸는 도구가 되었다. 이메일, 웹사이트, 검색엔진, 커뮤니티 포털이 일상화되었고, 전자상거래, 온라인 게임, 인터넷 뱅킹, 원격교육 등 새로운 산업이 태동하였다. 1997년 외환위기(IMF) 이후, 정부는 IT 산업을 새로운 성장 동력으로 삼고 벤처 육성 정책을 적극 추진함으로써 'IT 붐'을 확산시켰다.

디지털 강국의 기틀을 세우다

2000년대 초, 정부는 「사이버 코리아 21」, 「e-코리아 비전 2006」 등 중장기 전략을 통해 정보격차 해소와 디지털 혁신을 국가 핵심 과제로 삼았다. 전국 초·중학교에 인터넷을 연결하고, 농어촌 지역까지 초고속망을 확산하는 '정보화 마을' 사업을 통해 포괄적 디지털 접근권을 확대하였다. 공공기관의 전자정부화도 동시에 추진되어, 통신 인프라와 디지털 행정이 함께 진화하였다.

2000년대 중반 이후, IPTV(인터넷 기반 방송 서비스), VoIP(인터넷 전화), 와이브로(휴대용 무선 인터넷), Wi-Fi(무선랜) 등 새로운 기술이 상용화되며, 통신과 방송의 융합이 본격화되었다. 이러한 기술 기반은 스마트폰의 등장과 맞물려 차세대 정보통신 시대의 문을 여는 전환점이 되었다.

디지털 사회로 가는 관문

인터넷 상용화와 초고속정보통신망 구축은 단순한 기술적 진보에 그치지 않고, 대한민국 사회 전반의 구조적 변화를 촉발했다. 사회 구성원 간 연결이 강화되고, 정보 공유와 민주적 참여가 가능해지는 지식 기반 사회의 문이 열렸다.

이 기반 위에서 대한민국은 모바일, 클라우드, 인공지능, 사물인터넷, 디지털 행정 등 미래 사회로 이어지는 길을 힘차게 내딛을 수 있었다. 무선 시대 이전, 우리는 유선 기반 정보통신 인프라를 통해 정보의 민주화, 지식의 대중화, 소통의 일상화를 이뤄냈다.

대한민국이 세계에서 가장 빠르고 폭넓은 디지털 사회로 도약할 수 있었던 것은, **정책 추진(정보화촉진법, 사이버 코리아 21), 민간 기업의 창의적 도전(MegaPass, 하나로통신), 국민의 적극적 수용(PC통신, 인터넷 이용 급증)**이 조화를 이루었기 때문이다.

제32장.
해외 진출과 글로벌 협력
– 한국 ICT, 세계를 연결하다

국내에서 세계로 – 해외 진출의 배경

1990년대 이후, 한국의 정보통신 산업은 기술 독립과 급속한 성장을 이루며 세계 시장을 향한 본격적인 도전에 나섰다. 국내 통신 인프라가 빠르게 확충되고 시장이 포화 상태에 이르자, 기업과 정부는 축적된 기술력과 운영 경험을 바탕으로 해외 시장 개척에 눈을 돌렸다. 특히 TDX(전전자식 디지털 교환기), CDMA 이동통신, 초고속 인터넷 등 한국 고유 기술은 개발도상국의 높은 관심을 받으며 해외 진출의 교두보가 되었다.

이러한 해외 진출은 단순한 제품 수출에 그치지 않고, 기술 이전, 통신 인프라 구축, 현지 인력 양성 등 포괄적인 협력 모델로 발전하였다. 정보통신 분야는 단기간에 대규모 인프라를 구축할 수 있는 특성과 함께 디지털 경제의 핵심 기반으로 부상하며, 세계 각국은 한국의 경험과 기술력에 주목하게 되었다.

KT의 해외 사업 – ICT 외교의 최전선

한국전기통신공사 시절부터 KT(한국통신)는 전략적 해외 진출을 준비하며 기술 축적과 인력 양성에 매진했다. 1987년 네팔 전화망 현대화 사업 참여를 시작으로, 베트남, 방글라데시, 캄보디아 등 아시아 여러 국가에 TDX를 수출하고 현지 기술자 교육과 네트워크 운영을 지원하며 실질적 기술 협력을 확대했다.

2000년대 들어 KT는 단순한 통신망 구축을 넘어 해외 통신 사업에 직접 투자하고 운영까지 참여하는 형태로 발전했다. 몽골의 CDMA 이동통신 사업, 그리고 2013년부터 르완다 정부와 협력한 아프리카 최초 전국 LTE 망 구축 프로젝트는 대표적 사례다. 르완다 사업은 단순 시공을 넘어 국가 디지털 인프라의 설계·운영까지 맡은 '포괄적 ICT(정보통신기술) 협력' 모델로, 국제사회의 주목을 받았다.

이외에도 이라크, 우즈베키스탄, 미얀마 등지에서 유무선 통신망 구축과 전자정부 기반 마련을 통해 기술 수출과 ICT 외교를 동시에 수행했다. 특히 르완다 프로젝트는 '한국형 ICT 개발협력 모델'로 평가받으며 국제기구와의 연계 사업에도 긍정적 영향을 주었다.

CDMA와 TDX 수출 – 기술 주도국으로의 도약

1996년, 한국은 세계 최초로 CDMA 이동통신 상용화에 성공하며 기술 강국으로 자리매김했다. 이 성과는 곧바로 CDMA 시스템의 해외 수출로 이어졌다. 중국, 인도, 인도네시아, 브라질 등지에서

CDMA가 도입되었으며, 한국은 퀄컴과 협력하여 네트워크 장비, 단말기, 운영기술을 통합 수출하며 제조업과 서비스 산업의 글로벌 확장을 이끌었다.

TDX 역시 1980년대 후반부터 베트남, 인도, 파키스탄, 아프리카 등 개발도상국으로 수출되었다. 설치가 쉽고 유지보수가 간편한 TDX는 유선망이 미비한 국가에서 특히 높은 호응을 얻었다. 장비 제공과 함께 기술 설명회, 시운전 지원, 현지 인력 교육이 병행되며 ICT 외교의 기반이 형성되었다.

국제기구 활동과 글로벌 협력

한국은 1990년대 후반부터 ITU(국제전기통신연합), APT(아시아태평양전기통신협의체), OECD 디지털정책위원회 등 국제기구에 적극 참여하며 정보격차 해소, 디지털 포용, 사이버보안 등 국제적 의제에서 선도적 역할을 해왔다. 정책 제안과 기술 공유를 통해 글로벌 ICT 거버넌스에 기여하고 있다.

또한 KOICA, NIA, KCC 등 정부 기관과 협력하여 개발도상국 대상 정보통신 ODA 사업을 확대해왔다. 초고속 인터넷 구축, 전자정부 시스템 도입, 사이버 교육망 설계 등은 한국의 발전 경험을 국제사회와 나누는 대표적 사례다.

KT 역시 UN 기구, 세계은행, 아프리카연합(AU) 등과 협력하여 ICT 기반 개발 사업을 추진하며, 아시아·아프리카·중남미 각지에서 통신망 구축과 인프라 운영을 통해 한국 기술의 신뢰도를 높이고 있다.

민간 기업의 글로벌 진출 – 삼성과 LG의 역할

　KT와 더불어 삼성전자와 LG전자는 통신 단말기 및 장비 수출을 통해 글로벌 시장에서 입지를 강화했다. 삼성전자는 CDMA 단말기 수출을 시작으로 2000년대 중반 이후 세계 휴대전화 시장에서 점유율을 빠르게 확대하였고, 2010년대에는 스마트폰 시장에서 애플과 경쟁하며 세계 1위 제조사로 부상했다.

　통신 장비 분야에서도 삼성전자는 미국, 일본, 인도 등지의 5G 네트워크 구축에 참여하며, 한국이 단말기, 장비, 서비스, 운영기술을 아우르는 종합 ICT 수출국으로 자리잡는 데 기여했다.

　LG전자 또한 휴대전화와 유무선 통신 장비, 홈 IoT 기기 수출을 주도하였으며, TTA(한국정보통신기술협회)와 협력하여 국내 기술의 국제 표준화와 인증 획득에 중요한 역할을 수행했다.

평가와 과제
– 지속가능한 글로벌 ICT 전략을 향하여

　한국의 정보통신 해외 진출은 1990년대 이후 꾸준한 성과를 쌓아왔지만, 글로벌 대형 통신사 및 장비업체와의 경쟁에서 제한된 시장 점유율에 머무른 경우도 있었다. 초기 투자 비용 부담, 현지의 정치·경제적 불안정, 언어 및 제도 장벽 등은 해외 사업 지속과 현지화 전략의 과제로 남아 있다.

　그럼에도 한국은 기술력, 인적 자원, 정책 경험을 고루 갖춘 국제 ICT 협력의 주요 주체로 인정받고 있다. 앞으로는 장비 수출이나 시공 중심의 사업을 넘어, 디지털 전환, 인공지능, 위성통신, 스마트시티, 에듀테크, 사이버보안 등 첨단 기술 분야에서 포괄적 협력 모델 구축이 필요하다. 이를 위해 민관 협력 강화, 국제기구와의 연계, 정책 자문 등 다층적 접근이 필수적이다.

'한국형 ICT 개발협력'은 이제 글로벌 브랜드로 성장하고 있으며, 이는 단순한 경제적 성과를 넘어 한국의 발전 경험을 세계와 공유하고, 지속가능한 글로벌 정보사회를 구현하는 데 기여한다는 점에서 큰 의미를 갖는다.

제33장.
사이버보안과 재난망
– 초연결 사회의 위협과 대응

정보통신기술의 급속한 발전은 우리의 삶을 획기적으로 변화시켰다. 언제 어디서나 연결되는 초연결 사회는 과거에는 상상할 수 없던 편리함과 효율성을 제공한다. 그러나 높은 연결성과 디지털 의존성은 동시에 새로운 취약점과 위협을 만들어내고 있다. 해킹, 사이버테러, 개인정보 유출, 주요 인프라의 마비 등 정보통신기술을 겨냥한 공격은 이제 사회와 국가의 안보를 위협하는 심각한 문제로 떠올랐다.

사이버위협의 현실화 – 정보화의 명암

대한민국은 세계에서 정보화가 가장 빠르게 진행된 국가 중 하나였다. 그러나 정보화를 선도한 만큼 사이버위협에도 가장 먼저 노출되었다. 2003년의 '1.25 인터넷 대란'은 국내 인터넷망의 구조적 취약성을 여실히 드러냈고, 2009년과 2013년에는 디도스(DDoS) 공격으로 정부 기관, 언론사, 금융기관의 전산망이 마비되며 사회 전반에 큰 혼란이 초래되었다.

워너크라이(WannaCry) 랜섬웨어 감염, 대규모 개인정보 유출 사건, 지능화하는 사이버범죄 등은 사이버공간이 더 이상 단순한 정보 교류의 장이 아님을 분명히 보여주었다. 오늘날 사이버공간은 전력을 포함한 주요 기반시설이 의존하는 '제5의 전장'으로 인식되며, 사이버공격은 군사·안보 영역에서도 무력 충돌과 결합한 복합전의 주요 양상으로 부상하고 있다.

전력망, 교통 체계, 금융 시스템, 의료기관, 통신망 등 사회 필수 인프라들이 모두 정보통신망 위에서 작동하는 오늘, 사이버보안은 단순한 기술 문제가 아닌 국가 생존 전략의 핵심 축으로 자리잡게 되었다.

사이버보안 체계의 정비와 진화

우리 정부는 1990년대 후반부터 사이버보안 관련 제도와 조직을 체계적으로 정비해왔다. 1999년 제정된 『정보통신기반 보호법』은 국가 주요 기반시설을 보호하기 위한 법적 토대를 마련하였고, 이를 기반으로 설립된 한국인터넷진흥원(KISA)은 정보보호의 실무 기관으로 활동했다.

2004년에는 대통령 직속 국가사이버안전센터(NCSC)가 출범하며 범정부 차원의 사이버위기 대응체계가 마련되었다. 2011년 제정된 『개인정보보호법』은 그간 분산되어 있던 개인정보보호 정책을 통합하고 보호 수준을 한층 강화하는 계기가 되었다.

이후에도 정부는 지능형 지속 위협(APT), 사물인터넷(IoT) 보안,

클라우드 컴퓨팅 환경, 5G 기반망 등 기술 환경 변화에 대응한 사이버보안 정책을 지속적으로 확충해왔다. 최근에는 양자암호통신, 인공지능(AI) 기반 위협 탐지 시스템, 사이버위협 인텔리전스 공유 체계 등 첨단 기술을 활용한 능동적 보안 전략이 추진되고 있다.

통신사와 대기업들도 이에 발맞추어 정보보호 전담 조직과 보안관제센터(SOC)를 운영하며, 모의 해킹 훈련과 침해사고 대응 능력을 강화하고 있다. 특히 통신사는 네트워크 백본 보안, DNS 공격 방어, 기지국 보안, 스팸·피싱 차단 등 기술적 대응에서 중추적인 역할을 수행해왔다.

세월호 참사와 재난망의 필요성 대두

2014년 세월호 참사는 대한민국 공공안전 시스템의 구조적 문제를 여실히 드러낸 비극이었다. 사고 당시 구조기관 간 통신이 제대로 이루어지지 않아 초기 대응이 지연되었고, 국가적 재난 상황에서 안정적이고 통합된 무선통신망의 부재는 참사의 피해를 더욱 키웠다.

이 사건은 재난 대응을 위한 통신 인프라의 중요성을 사회 전반에 강하게 인식시키는 계기가 되었고, 이에 따라 정부는 국가재난안전통신망(Public Safety-LTE, PS-LTE) 구축에 본격 착수하였다.

PS-LTE는 경찰, 소방, 해양경찰, 군, 지방자치단체 등 다양한 재난 대응 기관들이 하나의 통합된 무선통신망에서 실시간 음성·영상·데이터를 주고받을 수 있도록 설계되었다. 상용망과 분리된 독립망으로 운영되며, 재난 상황에서도 우선접속, 그룹통신, 위치 공유, 고속 영상 전송 등 특화 기능을 통해 안정적인 통신을 보장한다.

정부는 2015년부터 시범사업을 실시하였고, 2020년부터는 전국 단위로 본격적인 구축에 나섰다. 2023년에는 1단계 전국망 구축이 완료되었으며, 단말기 표준화, 공동운영센터 설치, 긴급통신 훈련 등이 병행되어 운영 역량도 크게 향상되었다.

통신사의 기술 기여와 재난 대응

국내 통신사들은 재난이나 대형 사고 발생 시 긴급기지국 설치, 망 우회 및 복구 지원, 무료 통화 제공 등 다양한 방식으로 공공안전통신에 기여해왔다.

KT(한국통신)는 2000년대 초반부터 재난복구센터를 설립하고 위기대응 매뉴얼을 마련했으며, 유·무선망의 이중화 체계를 통해 비상 상황에 대비하였다. 세월호 사고 당시에도 현장에 긴급 네트워크를 제공하고 실종자 가족을 위한 무료 통화 및 인터넷 접속 서비스를 제공하여 통신 인프라의 신속한 복구에 앞장섰다.

이후 KT는 PS-LTE 시스템 구축에 주도적으로 참여하여, 영상 그룹 통신 장비, 망 통합관리 플랫폼, 재난감지 센서 연동 시스템 등을 개발했다. 또한 AI 기반 화재·지진 감지 시스템, 건물 붕괴 예측 모델, 실시간 영상 전송 솔루션 등 첨단 안전기술을 지속적으로 접목하고 있다.

SK텔레콤과 LG유플러스 역시 PS-LTE 시범망 구축과 운영에 참여하며, 망 이중화, 초고속 재난 문자 발송 시스템, 긴급 통화 우선 제어 기술 등을 개발하였다. 특히 5G의 초저지연성과 네트워크 슬라이싱

기술을 활용한 스마트 재난 대응 시스템은 재난망 고도화의 핵심 기술로 주목받고 있다.

맺음말 – 안전 중심 디지털 사회로

사이버보안과 재난망은 단순한 기술 과제가 아니라, 국민의 생명과 재산, 나아가 사회적 신뢰를 지탱하는 핵심 인프라다. 디지털 사회가 고도화될수록 보안 취약성과 재난 대응의 리스크는 더욱 커진다.

정보통신의 역사에서 사이버보안과 재난망은 점점 더 중요한 위치를 차지하고 있으며, 이는 결국 사람의 생명과 삶을 지키는 문제로 귀결된다.

앞으로 정보통신기술의 미래를 논할 때는 속도와 편리성만이 아닌, **신뢰성과 회복력(Resilience)**을 중심 가치로 삼아야 한다. 사람 중심, 안전 중심의 디지털 사회를 구현할 때, 우리는 비로소 기술의 진보가 모두를 위한 진정한 진보가 될 수 있음을 실현하게 될 것이다.

"

우리가 오늘 누리고 있는
끊김 없는 소통의 세계는,
보이지 않는 수많은 손길 위에
세워진 것이다.

제6편
사람과 문화

제34장.
정보통신 역사 속의 여인들
– 교환원과 안내원, 전화 속 따뜻한 손길

    오늘날 우리는 스마트폰 하나로 언제 어디서나 누구와도 연결되는 초연결 사회에 살고 있다. 하지만 불과 수십 년 전만 해도 전화는 단순한 기계가 아니었다. 전화선 너머에는 사람의 손과 귀, 그리고 정성 어린 목소리가 있었다. 특히 1980년대 초까지 전국의 전화 연결을 책임졌던 이들은 대부분 여성 교환원이었으며, 그들은 우리나라 정보통신 현장에서 묵묵히 제 역할을 다해왔다.

    기술이 충분히 자동화되기 전까지, 전화는 반드시 사람의 손을 거쳐야만 사람과 사람을 이어줄 수 있었다. 교환원이 없으면 통화도 불가능했던 시절, 이들은 단지 기계의 일부가 아닌, 전화 문명을 움직이는 핵심 존재였다. 전자식 교환기와 자동 안내 시스템이 도입되기 전

자석식 교환기를 운용하는 교환원

까지, 교환원과 안내원은 정보통신의 최전선에서 국민과 가장 가까운 곳에서 일한 주인공이었다.

지역사회의 길잡이 – 소도시 교환원

　소도시의 교환원은 단순한 통화 연결 기술자가 아니었다. 전화번호부가 일반화되기 전, 마을 사람들은 전화를 걸기 위해 먼저 교환원을 찾았다. 누가 어디에 사는지, 어느 병원이 야간 진료를 하는지, 비상시에는 누구에게 연락해야 하는지까지 — 교환원은 지역사회의 살아 있는 정보원이자 신뢰받는 안내자였다.

　어떤 날은 외지에서 걸려온 전화로 가족의 소식을 대신 전했고, 때로는 긴급한 구조 요청을 연결해 마을을 돕기도 했다. 통신선 위의 이웃처럼, 그들은 공동체의 중심에서 조용히 사람들을 이어주었다. 단순한 통화 연결을 넘어, 교환원은 지역사회와 사람을 잇는 보이지 않는 다리였다.

복잡한 통신망을 넘나든 시외 교환원

　서울, 부산 등 대도시의 시외 교환원들은 더욱 복잡하고 정교한 업무를 맡았다. 시외 직통 회선이 부족했던 당시, 한 통의 전화가 여러 지역 중계 회선을 거쳐야 했기에 교환원은 목적지까지의 최적 경로를 즉시 판단하고 연결해야 했다.

　시외 교환업무에는 뛰어난 기억력과 순간 판단력, 숙련된 기술이 요구되었다. 회선도와 회선번호를 머릿속에 저장하고 긴장 속에서 신속히 접속을 시도해야 했다. 이들의 능력에 따라 통화 품질과 대기 시간이 결정되었기에, 시외 교환원은 단순한 오퍼레이터가 아니라 통신 품질을 책임지는 전문가로 인정받았다.

일상과 업무를 오간 농어촌 여성 교환원

　농촌 지역에서는 상황이 더욱 열악했다. 전문 인력이 부족하던 시절, 많은 여성들이 자신의 집이나 지국, 우체국에서 교환업무를 맡았다. 그들은 교환기 앞에 앉아 전화를 연결하면서도 가사와 육아를 병행했다. 젖먹이 아이를 품에 안고 전화를 연결하는 일이 일상이었고,

한 손엔 수화기, 다른 손엔 삶의 무게가 쥐어져 있었다.

그들의 손은 농사일에 익숙한 손이었고, 목소리는 마이크를 통해 따뜻함과 진심을 전했다. 단순한 통신 인력이 아니라, 전화선을 사이에 둔 생활인과 공동체의 일원으로서 마을을 지탱한 존재였다.

기억의 달인 – 114 안내원

114 전화번호 안내원도 대부분 여성이었다. 그들은 서울 시내 수천 개의 전화번호를 암기하고, 하루 수백 통의 문의에 신속하고 정확하게 응답했다. 쉬는 시간에도 카드식 전화번호 정보를 외우며 끊임없이 공부했고, 단 한 번의 실수도 용납하지 않는다는 마음으로 임무를 수행했다.

번호 안내에 그치지 않았다. 병원 위치를 묻는 사람에게는 응급 상황을 인지하고 적절한 대응을 유도했으며, 어르신의 반복 문의에도 친절함을 잃지 않았다. 그들은 살아 있는 전화번호부, 당대 정보통신의 인간형 데이터베이스였다.

소리 없는 헌신 – 잊혀선 안 될 이름들

자동 교환기와 인공지능 안내 시스템이 그들의 자리를 대신하는 지금, 교환원과 안내원으로 일한 여성 정보통신인들의 헌신을 찾아보기 어렵다. 1980년대 초 서울 등 대도시에서 전자식 교환기가 도입되기 시작하며 이들의 자리는 줄어들기 시작했고, 1990년대 초까지 지방 일부 지역에서는 여전히 수동 교환업무가 이어졌지만, 이후 전국적인 자동화가 완성되며 이들의 자리는 완전히 사라졌다. 그러나 이들이 남긴 흔적은 기술 너머 여전히 살아 숨 쉬고 있다.

정확한 연결, 친절한 응대, 묵묵한 책임감 — 당시 국민이 전화 서비스를 신뢰할 수 있었던 바탕은 바로 이들이었다. 이름 없이 사라진 수많은 목소리들. 하지만 그들이 남긴 연결의 흔적은 오늘날 자동화된 통신망 속에서도 흐르고 있다. 정보통신의 발전 이면에서 묵묵히 자리를 지켜온 여성들의 존재는 한국 정보통신사에서 반드시 기억되어야 할 소중한 유산이다. 그들은 기술 이전에 사람이 있었던 통신의 시대를 증언하는 마지막 세대였으며, 그 기억은 한국 정보통신사의 가장 따뜻한 장면 중 하나로 남아 있다.

제35장.
정보통신을 지탱한 사람들
– 보이지 않는 파수꾼

대한민국 정보통신 140년의 길. 전신과 전화, 교환기와 선로, 이동통신과 인터넷까지 이어지는 역사 속에서, 눈에 보이지 않는 이들이 있었다. 국민이 전화를 걸면 바로 연결되고, 인터넷을 켜면 곧바로 화면이 열리는 일상 뒤에, 조용히 현장을 지켜온 정보통신의 파수꾼들이 있었다.

끊김 없는 일상 뒤에

통신은 단 한순간도 멈출 수 없는 국가의 숨결이다. 전기가 끊기면 다시 켤 수 있고, 물이 막혀도 흐르게 할 방법이 있다. 하지만 통신이 잠시라도 끊기면, 사회는 멈춘다. 정부의 지시, 경찰과 소방의 대응, 국민의 일상까지 모두 영향을 받는다. 전화국과 교환국의 현장은 언제나 긴장 속에 있다. '연결을 멈추지 않는다'는 사명은, 현장인들의 어깨 위에 항상 놓여 있다.

동력실의 수호자들

전화국의 심장, 동력실. 정전이 발생하면 모든 교환기와 전송 장치가 멈춘다. 그래서 동력실 근무자들은 늘 비상 전원을 점검하고 발전기를 손질했다. 한밤중에도, 한여름 폭염 속에서도, 기계의 작은 진동과 냄새 하나에도 귀를 기울였다. 어둠 속에서도 통신은 멈추지 않아야 했다. 그 책임은 오롯이 그들의 손끝에 있었다.

기계실과 교환기의 그림자

거대한 소음 속에서 교환기가 돌아가고, 수많은 설비가 숨 쉬는 기계실. 그 안에서 기술자들은 한순간의 이상도 놓치지 않으려 눈과 귀를 곤두세웠다. "전화가 잘 안 걸린다"는 한마디 뒤에는, 긴급 점검과 복구, 부품 교체와 시험 연결이 쉼 없이 이어졌다. 교환기의 작은 불빛, 전송기의 지시등 하나에도 즉각 반응하며 국민의 통화를 지켜낸 이들. 그 손길이 있었기에 우리는 언제나 연결될 수 있었다.

전주와 맨홀 속에서

야외 작업은 더 거칠었다. 폭우가 쏟아지는 날에는 전봇대 위로 올라가 빗물에 젖은 선을 이어야 했고, 한겨울 맨홀 속에서는 얼어붙은 선로를 찾아내야 했다. 작업복은 진흙과 기름으로 얼룩졌고, 동료가 안전줄을 잡으며 '조심하라'는 눈빛으로 지켜보았다. 국민이 전화를 걸 때,

단 한순간도 지연되지 않도록, 그들은 몸을 던져 선로를 지켰다.

재난 현장에서 가장 먼저

지진, 홍수, 화재가 닥치면, 가장 먼저 달려간 사람들 또한 정보통신 기술자였다. 구조와 구호가 제대로 이루어지려면, 경찰과 소방, 의료진의 무전과 전화가 먼저 살아 있어야 했다. 위험을 무릅쓰고 붕괴된 건물 속, 침수된 현장으로 뛰어든 손길 덕분에 통신은 다시 살아났다. 재난 현장에서 가장 먼저, 국민 곁에 머물렀던 사람들이 바로 그들이었다.

숨은 파수꾼들

정보통신의 역사 속 주인공은 종종 기술과 제도를 만든 사람들이다. 그러나 그 기반은 언제나 무명의 현장인들이 지켜왔다. 동력실에서 발전기를 돌리고, 기계실에서 교환기를 살피며, 전주와 맨홀에서 선로를 잇고, 재난 현장에서 가장 먼저 달려간 사람들. 그들의 이름은 크지 않게 역사에 남았지만, 오늘 우리가 누리는 끊김 없는 소통의 세계는, 바로 이들의 손길 위에 세워졌다.

숨은 애국자, 정보통신인

국가를 위해 헌신하는 사람들을 떠올릴 때, 군인, 경찰, 소방관 같은 제복의 영웅이 먼저 생각난다. 하지만 그들과 함께, 보이지 않는 곳에서 국가의 숨결을 지켜온 또 다른 주인공들이 있다. 정보통신인이다. 스마트폰으로 실시간 정보를 확인하고, 금융 거래를 하고, 위성으로 세계 소식을 받아보는 모든 과정은 정보통신망 위에서 이뤄진다. 그리고 그 기반을 지키는 이들이 바로 정보통신인이다.

  그들은 눈에 띄지 않아도, 우리의 일상을 지키는 숨은 애국자다. 조용하지만 단단한 헌신, 국민의 삶을 지키는 기술의 힘, 국가를 지탱하는 책임감. 그것이 바로 우리가 걸어온 길이며, 앞으로도 지켜야 할 사명이다.

제36장.
다시 찾은 현장

2022년 가을, 반세기 만에 마주한 안테나와 시간의 깊이

1970년 6월 2일, 나는 충남 금산에 세워진 '금산 위성통신 지구국' 준공식에 참석했다. 당시 체신부 실무자로서, 세계와 직접 연결하기 위한 국가적 과제의 최전선에 서 있었고, 그 역사적인 순간을 현장에서 함께했다. 위성통신은 더 이상 머나먼 미래의 기술이 아니었다. 그것은 현실에서 실현해야 할 사명이자, 국가의 명운이 걸린 목표였다.

준공식에는 박정희 대통령이 직접 참석했다. 금산 군민들과 인근 주민들이 지켜보는 가운데, 대통령은 "대한민국이 세계와 직접 통신하는 시대가 열렸다"고 선언했다. 그날의 감격은 반세기가 지난 지금도 생생하게 되살아난다. 국가적 대업의 일선에서 실무를 맡았던 나는, 그 자리에 있었다는 사실만으로도 평생 자부심을 안고 살아왔다.

행사를 마친 뒤, 나는 계룡산 동학사에 들러 긴 공사 기간 동안 쌓인 피로를 풀었다. 무엇보다 위성통신 개통이라는 시대적 과업을 마무리한 성취감에 가슴이 벅찼다. 함께했던 윤동윤 계장은 훗날 체신부 장관이 되었고, 우리가 공유했던 젊은 열정과 사명감은 세월이 흐를수록 더욱 빛났다.

그리고 어느덧 반세기. 기록과 사진 속에서만 간직하던 그 현장을 다시 찾게 된 것은, '금산 위성통신 제1지구국 안테나 설비'가 **국가등록문화재 제436호(2009.4.22.)**로 지정되었다는 소식을 접하면서였다. 대한민국 정보통신 인프라 가운데 처음으로 문화재로 지정된 이 안테나는, 수많은 통신 유물들이 철거와 폐기를 거치며 사라진 가운데서도 묵묵히 자리를 지키고 있었다.

들판 위에 여전히 우뚝 솟은 그 모습은 믿기지 않을 만큼 장엄했다. 다시 찾은 그날, 한때 세계를 향해 신호를 쏘아 올리던 안테나는 이제 회전을 멈춘 채 조용히 누워 있었다. 더는 움직이지 않지만, 그 모습은 말없이 시간을 증언하고 있었다. 겉으로 보기엔 낡은 철제 구조물일 수 있으나, 내게는 한 시대의 희망과 집념, 기술과 인간의 노력이 고스란히 배어 있는 위대한 유산이었다.

당시 열악한 환경에서 근무하는 직원들을 위해 대통령이 기증했던 테니스코트도 한쪽에 남아 있었다. 단순한 체육시설을 넘어, 위성통신 역사와 대통령의 관심을 상징하는 시대의 흔적이었다.

지구국 주변에는 여전히 크고 작은 안테나 수십 기가 가동 중이었고, 내부 전시실에는 위성통신 초창기의 기술 자료, 도면, 사진, 그리

어안으로 바라본 제1지구국 안테나

고 장비들이 정성스럽게 전시되어 있었다. 전시 패널에는 위성통신의 원리, 지구국 설계 개념, 당시 주요 업무 절차가 상세히 소개되어 있었다. 설명을 따라가다 보면, 땀에 젖은 작업복을 입고 분주히 움직이던 기술자들의 모습이 눈앞에 아른거렸다.

첫 국제 위성통신 연결을 앞두고 숨죽이며 기다리던 긴장감, 오류 없이 전파가 송신되기를 바랐던 간절함, 그리고 마침내 세계와 연결되었다는 감격의 순간이 파노라마처럼 되살아났다.

정보통신은 언제나 빠름과 편리를 지향해왔다. 그러나 그 이면에는 수많은 사람들의 땀과 열정, 그리고 시간이 깃들어 있다. 금산의 위성 안테나는 그러한 인간의 흔적을 가장 웅장하게 증명하는 유산이다.

기술은 시간이 지나면 낡고 사라질 수 있다. 그러나 그 기술이 남긴 흔적은, 다음 세대가 기억하고 이어가야 할 역사다. 눈앞의 거대한 안테나는 단순한 통신장비가 아니다. 그것은 한 시대의 꿈과 도전, 기술과 사람의 결실을 상징하는 살아 있는 역사물이다.

그날 나는 안테나 앞에 조용히 섰다. 그리고 마음속으로 조심스레 되뇌었다.

"역사는 기록되는 것이 아니라, 이어져야 한다."

제37장.
정보통신 유물 첫 공개
– KT 사료실의 문이 열리다

2022년 8월 16일, 강원도 원주시 행구동에 위치한 KT(한국통신) 인재개발원에서 수십 년간 굳게 닫혀 있던 한 문이 조용히 열렸다. 대한민국 정보통신 기술의 발자취를 간직한 KT 사료실이 외부에 처음으로 공개되는 역사적인 순간이었다.

이번 공개는 KT 민영화 20주년을 기념해 마련된 행사였지만, 단순한 유물 전시를 넘어선 의미를 지니고 있었다. 그동안 내부에서만 보관·관리되던 6,000여 점의 정보통신 유물이 외부에 첫선을 보이며, 한국 정보통신의 출발점부터 디지털 전환에 이르기까지의 여정을 실물로 증명했다. 이는 산업과 사회, 그리고 사람들의 삶이 함께 변화해 온 길을 되돌아보는 특별한 자리였다.

행사장에는 KT 출입기자단 50여 명이 초청되어 각 시대를 대표하는 유물들을 직접 보고, 듣는 시간을 가졌다. 유물 해설은 한국정보통신역사연구소 이인학 소장이 맡아, 기술적 배경과 사회적 맥락, 작동 원리까지 생생하게 설명했다. 그는 "이 유물들은 단순한 장비가 아니라, 한국 사회의 변화와 국민 생활의 진화를 보여주는 생생한 증거"라며, 기술과 역사, 사람을 잇는 연결고리로서 정보통신 유물의 의미를 강조했다. 기자들은 유물 앞에서 고개를 끄덕이며, 때로는 놀라움과 감탄을 표했다.

관람은 1885년 조선에 전신이 처음 도입된 것을 상징하는 음향전신기로 시작되었다. 점과 선으로 이루어진 모스 부호는 19세기 말 조선의 의사소통 체계에 근본적인 변화를 가져왔으며, 이 유물은 근대 통신의 출발점을 상징적으로 보여주었다.

이어 소개된 자석식 전화기, 일명 '덕율풍(德律風)'은 초기 전화 보급기를 대표한다. 수화기를 들고 손잡이를 돌려 전류를 발생시켜야 했던 방식은, 전화 통화가 일상 속으로 스며들기까지의 과정을 실감나게 전해주었다. 또한 수동식 교환기는 자동 교환기 도입 이전, 교환원이 직접 회선을 연결하던 시절의 모습을 고스란히 보여주었다. 관람객들은 당시 교환원의 손끝에서 수많은 통화가 이어졌다는 사실에 깊은 흥미를 보였다.

그 기술의 흐름은 결국 1980년대 TDX(전전자식 디지털 교환기)로 이어졌다. TDX는 대한민국이 아날로그에서 디지털로 도약하는 거대한 전환의 분수령이었으며, 한국이 자체 기술로 정보화 시대에 들어섰음을 알리는 결정적 이정표였다. 전시된 TDX는 단순한 기술 유물이 아닌, 국가 기술 자립의 상징으로 소개되었다.

KT 사료실

　KT가 오랜 세월 수집하고 체계적으로 보존해온 이 유물들은 그동안 사내 교육과 기록 자료로만 활용되어 왔다. 하지만 이번 공개를 계기로, 향후 박물관 전시, 연구 자료, 청소년 교육 프로그램 등으로 확대될 가능성이 제시되었다. 이는 KT가 정보통신의 과거와 미래를 잇는 '역사의 중개자'로서의 책무를 자각하고 있음을 보여주는 상징적인 행보였다.

　유물 하나하나에는 단지 기술의 흔적만이 아니라, 그 시대를 살아간 사람들의 숨결과 사회 변화의 궤적이 담겨 있다. 그 진정한 가치는 오래된 물건 자체에 있는 것이 아니다. 시간을 건너온 목소리이자, 다음 세대에 전할 지혜에 있다.

　이번 공개는 단순한 전시가 아니었다. 과거와 현재, 그리고 미래를 잇는 다리 위에서 한국 정보통신이 걸어온 길을 재조명한 역사적 선언이었다. 유물은 이제 더 이상 창고 속 기록이 아니라, 다음 세대를 향해 말을 거는 살아 있는 교사가 되었다.

제38장.
정보통신박물관으로 가는 길
– 손녀의 질문에서 시작된 10년의 기록

　나는 대한민국 정보통신 1세대다. 1960년대 말, 구리선을 들고 시골길을 누비던 시절부터 반세기 가까이, 정보통신 현장에서 기술의 발전과 제도의 변화를, 수많은 도전과 시행착오를 직접 마주해왔다.

　그러던 어느 날, 어린 손녀와 함께 대한민국역사박물관을 찾았다. 전시실을 둘러보던 중, 손녀가 조용히 물었다. "할아버지, 우리나라 전화는 언제 생겼어?"

　짧은 질문에 나는 발걸음을 멈추었다. 주위를 살펴보았지만, 체신 1호 자동식 전화기 한 대 외에는 정보통신 역사를 보여줄 유물도 설명도 거의 없었다. 박물관 관계자에게 묻자 돌아온 대답은 간단했다. "관련 유물이 거의 없습니다." 그 순간, 손녀의 맑은 눈동자 속에서

'우리가 반드시 남겨야 할, 잊히지 말아야 할 역사가 있다'는 사명이 뚜렷이 다가왔다. 작은 질문 하나가 나의 긴 여정의 시작이었다.

서울-부산 간 장거리자동전화 개통 공로로 받은 대통령표창장과 오랜 세월 간직해온 사료 18점을 대한민국역사박물관에 기증한 것이 나의 첫걸음이었다. 이후 국립중앙도서관에서 『체신백서』, 『한국전기통신 100년사』, 『세계대백과사전』 등을 조사하며, 잊혀진 기억들을 되살리고, 다음 세대가 공감할 수 있는 이야기로 재구성했다. 기술자의 기억을 기록자의 시선으로 되살리는 과정이었다.

1980년대 말, 남대전전화국과 용산전화국 내 통신박물관이 재건축으로 폐쇄되면서 귀중한 유물들은 KT(한국통신) 원주교육원 사료실로 옮겨졌다. 외부에는 공개되지 않은 '숨겨진 창고'였다. 직접 방문한 사료실에는 전화기, 교환기, 회선 장비 등 실제 사용된 장비들이 질서 있게 보관되어 있었다. 낡은 금고를 여는 듯, 나는 마치 잊힌 타임캡슐을 발견한 기분이었다.

"이 정도면 박물관을 만들 수 있다."

2022년 8월, KT 민영화 20주년 기념 유물 언론공개 행사에서 나는 해설을 맡았다. 이 유물들은 '대한민국 정보통신사의 살아 있는 증거'임을 세상에 처음 알리는 순간이었다. 국립과천과학관과 대구과학관은 대한민국 과학기술 전시의 중심지였지만, 정보통신 역사는 단편적으로만 다루어졌다. 나는 전시기획자들과 협력하며 정보통신 전시의 현실과 실현 가능성을 확인했다. 또한 SK텔레콤 2G 종료로 폐기

과천과학관에 보관 중인 2G 교환기

직전의 이동통신 설비를 과천과학관 수장고에 보존하면서, 무선통신 유물 수집이 본격화되었다. 이는 박물관 설립의 기반을 마련하는 중요한 과정이었다.

정보통신박물관 건립 제안서는 여러 차례 제출되었지만, 정부는 늘 '장기 검토 사항'으로만 분류했다. 실무자들조차 정보통신사의 중요성을 깊이 이해하지 못했다. 사실 1995년, 정보통신부가 용산에 박물관 건립 계획을 발표했지만, 이후 30년 가까이 진전되지 못했다. 서울 종로구청과 협력해 KT 광화문빌딩 내 정부 소유 공간 활용을 제안했으나, 기획재정부의 반대로 결국 무산되었다.

"박물관은 공간이 아니라 의지에서 시작된다."

첫 문은 닫혔지만, 포기하지 않고 더 나은 기회를 찾아 2023년 4월, 세계 최고의 통신박물관이 있는 스위스 베른을 방문해 자료를 수집하고 박물관 설립에 활용할 계획을 세웠다.

1885년, 조선 최초 전신기관인 한성전보총국이 세워진 자리에는 이후 중앙전신국, 국제전신전화국, 한국전기통신공사, 정보통신부 등 대한민국 정보통신의 중심 기관들이 들어섰다. 2024년, 나는 KT 대표에게 전시관 설치를 제안했고, 2025년 9월, 한국 정보통신 140주년을 기념해 'KT 헤리티지관'이 개관했다. 대한민국 정보통신 역사의 출발점을 기념하고 기억하는 상징적 공간이 되었다.

인천시는 항동 옛 인천우체국 건물을 정보통신박물관으로 활용하기로 결정했다. 주민공청회와 관련 절차를 거쳐, 2027년 9월, 국내 최초 정보통신박물관이 문을 열 예정이다. 인천시와 함께 세계 최고의 정보통신박물관을 만들 계획이다. 이 박물관은 단순한 전시 공간을 넘어, 역사와 기술, 시민과 미래를 잇는 새로운 문화적 거점이 된다.

   손녀의 질문에서 시작된 작은 불씨는, 대한민국 정보통신 역사를 지켜내는 10년의 여정이 되었고, 이제 박물관 속에 빛나고 있다. 손녀의 눈동자와 나의 10년이 함께 빛나는 순간이다.

"

기술은 진보하지만,
그 진보의 방향은 결국
사람을 향할 때
비로소 진정한 가치를 가진다.

제7편
미래로 가는 길

제39장.
인공지능과 정보통신의 미래
- 연결에서 지능으로

정보통신 기술은 오랜 시간 '연결'을 중심으로 진화해왔다. 전신과 전화로 시작된 유선 네트워크는 무선으로 확장되었고, 음성과 데이터를 아우르는 통신 서비스는 현대 사회를 떠받치는 핵심 인프라로 자리 잡았다. 그러나 이제 정보통신의 중심축은 단순한 연결을 넘어 '지능'으로 이동하고 있다. 인공지능(AI)의 발전과 통신 기술의 융합은 새로운 정보통신 패러다임을 만들어내고 있다.

AI와 정보통신의 융합

AI 기술은 통신망의 운영과 관리 전반에 걸쳐 혁신을 가져오고 있다. 네트워크 설계, 트래픽 예측, 장애 탐지, 자원 최적화 등 기존에는 사람이 수작업으로 처리하던 복잡한 작업들이 AI에 의해 자동화되고 있다. 예를 들어, AI 기반의 '자율형 네트워크(Self-Driving Network)'는 실시간으로 데이터를 분석하고 스스로 판단하여 최적의 상태를 유지하며 운영된다. 이러한 네트워크는 사용자 수요 변화에 따라 유연하게 대응하고, 네트워크의 안정성과 효율성을 극대화한다.

이와 동시에 AI는 사용자 단말의 활용 방식을 근본적으로 변화시키고 있다. 스마트폰에서는 음성비서, 이미지 검색, 자연어 번역, 상황 인식 기반 서비스 등이 이미 일상화되고 있으며, 사물인터넷(IoT) 기기나 스마트홈, 자율주행차, 스마트팩토리 등 다양한 분야에서 인공지능은 인간의 개입 없이 실시간으로 상황을 인지하고 반응하는 시스템의 핵심으로 자리 잡고 있다.

통신사업자의 진화
– 단순 연결에서 지능형 플랫폼으로

AI 도입은 통신사업자의 역할과 비즈니스 모델도 변화시키고 있다. 기존의 음성과 데이터 회선을 제공하던 단순한 통신 제공자에서 벗어나, AI를 활용한 융합서비스를 제공하는 지능형 플랫폼 사업자로 진화하고 있는 것이다. 방대한 데이터를 실시간으로 수집하고 분석하는 통신망은 이제 '연결'의 수단이 아닌, 지능형 생태계의 기반이 되고 있다.

스마트시티와 같은 대규모 ICT(정보통신기술) 융합 사업에서는 통신사가 도시의 교통, 에너지, 환경, 보안 등 주요 인프라를 네트워크와 AI로 연결하고, 이를 통해 효율적 운영과 예측 서비스를 제공한다. 통신은 더 이상 독립된 산업이 아니라, 다양한 분야의 인프라와 서비스를 통합·운영하는 핵심 기술 기반으로 확대되고 있다.

지능 사회로의 이행 – 미래를 여는 핵심 기술들

정보통신의 미래는 단순한 전송 속도의 경쟁이 아니라, 얼마나 '지능적으로' 서비스를 제공하느냐에 달려 있다. 이를 가능하게 할 핵심 기술들이 빠르게 발전하고 있다. 이러한 기술들은 단순히 더 빠르고 정확한 통신을 넘어서, 인간과 기기, 기기와 기기 간의 상호작용을 보다 자연스럽고 지능적으로 연결하는 '지능 사회(Intelligent Society)'의 핵심 요소로 작동한다.

디지털 트윈(Digital Twin)
현실 세계의 사물이나 환경을 정밀하게 디지털로 복제하여, 시뮬레이션과 분석, 예측을 가능하게 하는 기술이다. 스마트팩토리, 스마트시티 등의 분야에서 설계, 운영, 유지보수를 혁신하는 데 활용된다.

자율형 네트워크(Autonomous Network)
AI가 네트워크 운용 전반을 스스로 수행하는 체계로, 사용자 요구에 따라 자율적으로 최적 경로를 선택하고 장애를 예방하며 시스템을 유지한다. 이는 5G의 고도화는 물론, 6G로의 진화에 있어 핵심적인 역할을 하게 된다.

양자통신(Quantum Communication)
양자암호 기술을 통해 기존 암호체계를 뛰어넘는 보안성을 제공하는 통신 기술이다. AI가 처리하는 민감한 정보의 송수신을 안전하게 보호할 수 있는 기반 기술로 주목받고 있다.

맺음말

정보통신은 이제 단순한 '연결'을 넘어 '지능'의 시대로 접어들었다. AI는 통신망의 운영을 자동화하고, 다양한 산업과 사회 전반에 걸쳐 지능형 서비스를 구현하는 핵심 기술로 자리 잡고 있다. 통신사업자는 기술 공급자에서 지능형 플랫폼 생태계의 중심으로 거듭나고 있으며, 디지털 트윈, 자율형 네트워크, 양자통신과 같은 차세대 기술은 지능 사회 실현의 기반이 되고 있다.

다가오는 시대는 '얼마나 잘 연결되었는가'보다 '얼마나 잘 이해하고 대응하는가'가 중요한 시대가 될 것이다. 인공지능과 정보통신의 융합이 만들어낼 지능 사회는 우리의 삶을 보다 안전하고 편리하게 만들 뿐 아니라, 산업과 사회 구조를 혁신적으로 재편할 것이다. 미래를 향한 이 변화의 물결 속에서, 정보통신은 여전히 그 중심에서 시대를 이끌고 있다.

제40장.
정보통신, 미래를 향한 연결

통신 140년, 변화의 중심에 서다

정보통신은 지난 140년 동안 한국 사회의 변화와 궤를 같이하며 쉼 없이 진화해왔다. 1885년 한성-인천 간 전신이 개통되며 그 첫걸음을 내디딘 이후, 유선전화의 보급과 교환기의 도입, 전국 전화망의 확산을 통해 통신 인프라가 점차 구축되었다. 이어 무선통신과 데이터통신, 인터넷과 스마트폰 혁명을 거치며 통신기술은 비약적인 발전을 이어갔다.

통신기술은 늘 시대의 최전선에서 인간의 소통 방식을 바꾸고, 산업과 사회의 구조를 재편해왔다. 정보통신은 단순한 기술을 넘어, 사회와 개인의 삶을 끊임없이 연결해온 원동력이자, 변화의 중심이었다.

디지털 사회의 인프라가 된 통신

1990년대 이후 정보통신은 단순한 의사소통 수단을 넘어, 일상과 사회 전반의 기반 인프라로 자리잡았다. 초고속인터넷의 보급은 국민의 정보 접근성과 활용 능력을 획기적으로 높였고, 이동통신의 대중화는 시간과 공간의 제약을 허물며 사람들의 생활 전반에 깊숙이 스며들었다.

이러한 변화는 사회 전반의 디지털 전환을 가속화하였다. 산업과 교육, 금융과 의료, 행정과 문화 등 다양한 분야가 통신망을 기반으로 연결되면서, 정보통신은 편의를 넘어선 필수 인프라이자 혁신의 촉매로 기능하게 되었다.

이와 함께 통신의 공공성, 책임성, 그리고 디지털 포용성에 대한 사회적 요구도 높아졌다. 누구도 디지털 혜택에서 소외되지 않아야 한다는 인식은, 정보통신에 새로운 사회적 사명과 역할을 부여하게 되었다.

5G 시대, 연결의 외연을 넓히다

2019년 4월, 대한민국은 세계 최초로 5세대 이동통신(5G)을 상용화하며 정보통신의 또 한 번의 전환점을 마련하였다. 초고속, 초저지연, 초연결이라는 특성을 지닌 5G는 자율주행차, 스마트공장, 원격의료, 실감형 콘텐츠 등 다양한 신기술의 기반이 되었다.

5G 시대의 도래는 기술 발전과 함께 새로운 과제를 동반하였다. 네트워크 인프라의 보안성과 안정성, 지속 가능성을 확보하는 문제가

중요하게 부상하였고, 동시에 정보격차 해소, 공공안전망 구축, 요금제 개편, 사이버보안 강화, 클라우드 및 데이터 산업의 육성, 통신기업의 해외 진출 등 통신의 외연도 급격히 확대되었다.

이 시기의 정보통신은 기술적 진보를 넘어, 국가 시스템을 지탱하고 사회 전체를 연결하는 핵심 역량으로 인식되기 시작하였다.

미래 통신 기술의 지평

오늘날 우리는 6세대 이동통신(6G), 양자암호통신, 위성인터넷 등 새로운 통신기술의 문 앞에 서 있다. 6G는 5G보다 수십 배 빠른 전송 속도와 초정밀 실시간 연결을 제공할 것으로 기대되며, 인공지능(AI), 디지털트윈, 확장현실(XR) 등과 융합되어 초실감·초지능 사회를 구현할 기반이 될 전망이다.

양자암호통신은 기존의 보안 체계를 뛰어넘는 차세대 보안 기술로 주목받고 있으며, 저궤도 위성을 기반으로 하는 위성인터넷은 지리적 제약을 극복한 전 지구적 연결을 가능하게 할 것으로 기대되고 있다.

이처럼 미래의 정보통신기술은 단순한 '속도'나 '용량'의 문제가 아니라, 사회를 보다 안전하고 포용적으로 만들기 위한 핵심 기반으로서의 의미를 갖는다.

사람을 위한 연결, 미래를 향한 책임

정보통신은 언제나 시대의 중심에서 사람과 사람, 지역과 지역, 국가와 세계를 이어왔다. 그 연결의 길 위에는 언제나 기술과 사람이 함께 존재해왔다. 기술은 진보하지만, 그 진보의 방향은 결국 '사람'을 향할 때 비로소 진정한 가치를 가진다.

앞으로의 정보통신 역시 기술 중심의 발전을 넘어, 사람 중심의 가치 실현을 지향해야 한다. 연결의 진정한 의미는, 그 중심에 '사람'이 있을 때 가장 빛나기 때문이다.

에필로그.

대한민국 정보통신 이야기 집필을 마치며

- 140년의 발자취를 따라, 미래를 향해

    이 책은 대한민국 정보통신 140년 역사를 기록하려는 오랜 여정의 결실입니다. 처음 펜을 들었을 때, 저는 단지 기술의 발전 흐름만을 정리하려 한 것이 아니었습니다. 그 속에 숨 쉬는 수많은 사람들의 땀과 고뇌, 그리고 **'사람을 연결하고자 했던 간절한 마음'**까지 담고자 했습니다.

    이 땅에 전신이 처음 놓이던 순간부터, 오늘날 누구나 스마트폰을 손에 쥐고 사는 시대에 이르기까지, 모든 장면 속에는 사람과 사람을 잇고자 했던 시대의 의지와 꿈이 고스란히 깃들어 있습니다.

    저는 정보통신의 현장에서 반세기 가까운 세월을 보냈습니다. 교환기 하나를 설치할 때마다, 위성통신지구국의 웅장한 안테나가 세계를 향해 우리나라를 알릴 때마다, 그리고 전화가 처음 들어간 마을에서 환하게 웃던 주민들의 얼굴까지, 그 모든 순간이 지금도 생생히 기억납니다. 그 소중한 순간들 하나하나가 바로 이 책을 쓰게 만든 원동력이었습니다.

    우리는 '빠른 나라', '정보통신강국'이라는 이름 아래 눈부신 성장을 이루어왔습니다. 그러나 이제는 기술의 속도만큼, 그 바탕에 놓여야 할 철학과 사명을 되새겨야 할 때입니다. 정보통신은 단지 기계나 회선이 아니라, 사람과 사람을 잇는 길이기 때문입니다.

비록 부족하지만, 이 책이 후세를 위한 정보통신사 기록의 초석이 되기를 바랍니다. 그리고 이 기록이 제가 오랫동안 염원해온 정보통신박물관 설립으로 이어져, 다음 세대가 우리 기술과 역사를 직접 보고, 듣고, 느낄 수 있는 계기가 되기를 진심으로 희망합니다.

사실 저는 이 책을 직접 쓰게 되리라고는 상상조차 하지 못했습니다. 그러나 정보통신박물관 설립을 추진하며, 어느 기관도 그 역사를 온전히 알고 있지 않다는 사실에 큰 충격을 받았고, 그 순간 '**누군가는 기록해야 한다**'는 사명감으로 펜을 들게 되었습니다.

이미 고령이지만, 떠나기 전 반드시 이 기록을 남겨야겠다는 생각이 들었습니다. 이 책은 제 삶의 마지막 숙제이자, 후세를 위한 작은 길잡이입니다.

이제 저는 이 기록의 바통을 다음 세대에게 조심스럽게 넘깁니다. 새로운 정보통신의 시대를 살아갈 그들이, 이 역사 위에서 또 다른 길을 힘차게 열어가기를 바라며 ― 저는 이 책의 마지막 장을 조용히 덮습니다.

2025년 여름
한국정보통신역사연구소장 · **이인학**

정보통신과 함께한 발자취

1. 전화와 맺은 첫 인연

　1966년, 나는 통신기술직 공무원으로 첫발을 내디뎠다. 처음 맡은 일은 교환기를 움직이는 원동력인 '전기' 관련 업무였다. 이후 자동교환기(EMD, 전자기계식 자동교환기) 운영과 선로 시설 관리 등 유선통신의 기초를 다지는 다양한 현장을 거치며 경험을 쌓았다.

　당시 시외전화 회선은 극히 부족해 통화 한 번 하려면 20-30분을 대기해야 했다. 나는 반송시설을 활용하고, 대일청구권 자금으로 교환기와 장비를 도입해 회선을 확충함으로써 통화 대기 시간을 줄이는 데 기여했다.

　특히 1969년에는 전국 어디서나 통화가 가능하도록 '농어촌 리·동 단위 전화 보급계획'을 수립했다. 이는 정보통신 보편화를 향한 역사적인 첫걸음이었다.

2. 자주 통신망 구축과 자동화 시대의 개막

　당시 국제전화는 일본을 경유해야만 가능했기 때문에, 자주적인 국제 통신망 구축은 절실한 과제였다. 1970년 6월 2일 충남 금산에 위성통신지구국이 설치되어 독자 통신 시대의 첫 포문을 열었다.

1971년 3월 31일, 서울-부산 장거리 자동전화 개통으로 전국 전화 자동화 시대가 열렸으며, 나는 이 과정에서 전국 지역번호 체계와 자동화 번호 체계 수립에도 참여했다.

또한 관광지와 산업단지, 도서·오지 지역에 통신망을 확장하며, 통신 사각지대를 해소하는 일에도 힘썼다. 마이크로웨이브(M/W) 시설 점검과 무선전화 계획 수립 등 다양한 현장을 누볐다.

3. 기술자로서의 발자취

Telex 전자동화 추진을 위해 일본 KDD 연수를 다녀왔고, 『세계대백과사전』 전신·전화 항목을 직접 집필했다. 전북 산골 마을의 자석식·공전식 교환기 운영, 강남 개발 초기 전화국 건설, PBX 및 Telex 유지보수, 1988 서울올림픽 팩스 통신 지원 등 다양한 기술 경험을 쌓았다.

무엇보다 기쁘고 자랑스러운 일은 수많은 후배 기술자들과 함께하며 그들의 성장을 지켜본 것이었다. 은퇴 후에도 후배들은 나를 젊은 기술인으로 기억하며 여전히 힘이 되어준다.

4. 전화 인생의 끝자락에서 다시 시작된 사명 (2018-)

2018년, 손녀와 함께 대한민국역사박물관을 방문했다가 정보통신 역사가 제대로 전시되지 않은 사실을 확인했다. 이후 KT 원주 사료실에서 비공개 유물을 확인하며, 정보통신박물관 건립 필요성을 절감했다. 박물관 건립을 위해 과기정통부, KT, 종로구, 국회를 설득하는 활동을 이어갔고, KT 광화문 빌딩 내 'KT 헤리티지관' 조성이 결정되어 2025년 9월 개관을 앞두고 있다.

또 다른 꿈은 인천의 옛 인천우체국 건물을 활용한 '정보통신박물관' 건립으로, 현재 조사·연구가 진행 중이며 2027년 9월 개관을 목표로 준비 중이다.

5. 끝맺음이 아닌 새로운 시작

그동안 대한민국 정보통신 135주년 기획전 감수, 과기정통부 유물조사 및 자문, KT 원주 사료실 해설, 대구과학관 정보통신관 개관 지원 등, 다양한 활동을 통해 정보통신 역사의 보존과 확산에 힘써왔다.

이제 83세가 되었지만, 여전히 해야 할 일이 남아 있다. 내가 걸어온 길, 내가 믿었던 기술, 내가 만난 사람들, 그리고 우리가 함께 만든 역사 — 그 모든 것을 기록하고, 남기고, 전하는 일이 내 생의 마지막 사명이자, 또 다른 시작이다.

주요 이력:

1943년 서울 출생

경복고등학교, 한양대학교 졸업

경력:

체신부 전무국 전무기획과 투자 담당

성북·광화문·중앙·이리건설국·영동·을지전화국 과장

전기통신연구소, 한국통신진흥㈜ 통신사업본부장

㈜대영C&T 대표

한국정보통신역사연구소장

수상:

1971.04.30. 대통령 표창: 서울-부산 장거리자동전화 개통 기여

1972.12.22. 체신부장관 표창: 도서무선 건설 기여

부록2.

대한민국 정보통신 140년 연표
(1885–2024)

1. 통신의 시작 (1885–1945)

1885.09. 한성전보총국 개국, 한성-제물포 전신선 개통, 한국 근대 통신 시작.
1886.10. 한국 최초 전화 개통, 궁내부 자석식 교환기 설치, 고종 행정용.
1902.03. 한성-인천 시외전화 개통, 시외전화 시대 개막.
1902.06. 한성 시내 전화교환 업무 시작, 가입자 2명.
1908.06. 경성우편국 공전식 교환기 설치, 전화 자동화 시도.
1910.09. 최초 무선전신, 인천 월미도 등대 ↔ 광제호 교신.
1912.   한성-도쿄 자동 이중 전신기 개통, 국제 통신 연결.
1924.11. 한성-만주 봉천 국제전화 개통, 해외 통신 확대.
1935.03. 나진우체국 기계식 자동 교환기 도입, 전화 자동화 진전.
1945.12. 한국-미국 직통 무선전화 개통, 국제 전화 연결 강화.

2. 국산화와 자동화의 시대 (1950s–1960s)

1953.   자석식 교환기 국산화, 국내 기술력 확보.
1957.   서울-부산 테레타이프 개통, 전신 통신 현대화.
1960.08. EMD 교환기 도입, 자동화 시작.
1961.12. 목포-제주 스켓타 통신 개통, 고주파 무선통신 상용화.
1962.06. '체신1호' 국산 자동식 전화기 규격 제정, 국내 표준화.
1962.12. ST 자동교환기 국산화, 자동화 확산.

1963.02. 무장하 케이블 12채널 다중화 개통, 회선 확충.

1963.03. 서울-도쿄 가입, 전신 개통, 국제 전신망 확대.

1964.06. 공전식 교환기 국산화, 전화 자동화 기술 국산화.

1965.12. 국내 자동 가입전신 개통, 자동 전신망 완성.

1967.12. 마이크로웨이브 통신 개통, 중계소 설치, 장거리 통신 향상.

1968.06. 한일 국제 스켓타 개통, 울산 무룡산-일본 하마다.

1969.02. 서울-수원 동축케이블 개통, 유선 통신망 확충.

3. 현대 통신 인프라 구축기 (1970s-1980s)

1970.06. 금산 위성지구국 개국7개국 135회선, 위성통신 개막.

1970.09. 전화 사유화 → 공유화 전환, 백색·청색전화 구분관리.

1970.   농어촌 리·동 단위 공유전화 가설, 이장 집 중심, 농어촌 통신 보급.

1971.03. 서울-부산 장거리 자동전화 개통, 전국 자동화 시대 개막.

1972.10. 남북 최초 전화 개통, 남북조절위 통화.

1972.12. 도서 무선전화 개통, 500인 이상 도서 205곳.

1975.02. 서울-부산 동축케이블 준공, TV 전국방송 가능.

1978.12. 장거리 자동 공중전화 개통, 공중전화 자동화.

1979.03. 전자식 텔렉스 개통, 데이터 통신 자동화.

1979.12. 전자식 자동전화 개통, 당산전화국, M10CN.

4. 이동통신과 디지털 전환기 (1980s)

1980.11. 한일 해저케이블 개통, 국제 통신 안정화.

1981.   이동통신 1세대(1G) 개념 도입, 무선 통신 시작.

1982.04. 전자식 텔렉스 EDS 개통, 데이터 전송 향상.

1982.12. 무선호출기(삐삐) 서비스 시작, 개인 호출 서비스.

1982.   국내 최초 인터넷 연결, 초창기 네트워크.

1983.01. 장거리 자동공중전화기 개발, 공중전화 자동화.

1983.05. 디지털 전자교환기 No.4 ESS 개통, 디지털 전화망 시작.
1984.　　 AMPS 1G 상용화, 차량전화(벽돌폰) 서비스.
1984.07. 패킷교환망 개통, 데이터통신 전용망.
1985.09. 이메일 서비스 시작, 디지털 통신 활성화.
1986.03. TDX-1 전자교환기 개발, 세계 10번째 자체 개발.
1986.10. 카드식 공중전화기 보급, 편리한 공중전화.
1987.06. 전화 1,000만 회선 돌파, 1가구 1전화 시대.

5. 정보화 사회의 도래 (1990s)

1990.01. PC통신 시작, 천리안, 나우누리 등.
1994.03. KORNET 개시, 일반 인터넷 서비스.
1995.08. 무궁화 1호 위성 발사, 최초 방송통신 위성.
1996.01. 세계 최초 CDMA 상용화, 이동통신 기술 선도.

6. 초고속 인터넷과 모바일 혁신 (2000s)

2000.04. KT 메가패스(MegaPass) 초고속 인터넷 서비스 시작.
2000.12. VDSL 서비스 개시인터넷 초고속화.
2007.03. 3G(WCDMA) 상용화, 영상통화 가능.
2008.01. IPTV 실시간 방송 개시, 인터넷 기반 TV.
2009.11. 스마트폰 대중화, 아이폰 국내 출시.

7. 4G와 데이터 중심 사회 (2010s)

2011.07. 4G LTE 서비스 상용화, 데이터 중심 이동통신.
2014.05. GiGAtopia 선언, 기가인터넷 시대 비전 제시.
2015.06. 세계 최초 GiGA LTE 상용화, LTE + WiFi 융합망.

8. 5G 시대와 AI 융합 (2020s)

2018.12. 5G 전파 송출 개시, 세계 최초, 기업용.

2019.04. 5G 스마트폰 상용화, 세계 최초.

2021.12. 10기가 인터넷 상용화, 초고속 데이터망.

2023.04. 공공안전통신망(PS-LTE) 전국 구축, 안전망 강화.

2023.12. AI 전화비서·음성인식 확산, 통신 + AI 융합 본격화.

2024.03. AI 클라우드 경쟁 개시, 통신·플랫폼 융합 심화.

『대한민국 정보통신 이야기』 발간을 지원해 주신 분들

『대한민국 정보통신 이야기』가 세상에 나올 수 있었던 것은 여러분의 따뜻한 성원과 후원 덕분입니다. 진심으로 감사드리며, 후원해주신 분들의 이름을 아래에 기록합니다.

강윤식 고서연 고수봉 권오찬 권혁근 김기한 김낙규 김덕술
김덕한 김문흠 김영식 김영주 김용섭 김인건 김창호 김학일
김형두 남해곤 노정선 류종우 박광신 박명진 박석환 박숙경
박익민 박정은 박태석 박형숙 박호일 배후식 석웅치 송영택
송준일 송창규 신병진 신양호 신용섭 안광용 오문상 유종하
윤여경 윤제동 이경학 이계환 이동식 이명형 이서준 이수호
이시온 이신옥 이연준 이영현 이예린 이용범 이용석 이용학
이용환 이윤학 이재현 이정민 이종학 이충학 이흥학 임원호
임정묵 장정길 전수철 전양미 전용건 전용구 전용두 전용호
전효정 정송희 정재식 조병훈 최승국 최경일 최영두 최왕균
최종문 최창일 하재기 한병화 한인영

(가나다순)